高等职业教育新形态一体化教材

U0185191

数控车床编程与加工技术

徐　凯　孟令新　王同刚　主编

高等教育出版社·北京

内容简介

本书是高等职业教育数控技术大类新形态一体化教材。适用于高职高专院校数控技术、模具设计与制造和机电一体化等机电类专业的学生，也可作为机械设计制造及自动化专业本科生的教学，并可供机械加工及自动化行业技术人员参考。

本书主要内容包括数控车床基本操作、圆柱面加工、成型面加工、螺纹加工、复合加工、综合训练等。

本书采用任务驱动的方式导入项目，以典型工作任务（图纸）为载体的任务驱动形式展开内容的讲解，其任务的实施基于真实的工作过程环节，提炼了数控技术专业的实际工作步骤和要求，集数控加工工艺、编程、仿真、实训、技能拓展为一体。项目与企业生产紧密结合，前后任务有机衔接、互相配合，难度以实用、够用为度。注重学生理论联系实际能力的锻炼和学习方法的掌握，以及解决问题的方法和创新能力的训练。书中还加入了大量信息资源，供学生学习使用。

本书重点/难点的知识点/技能点配有动画、微课等丰富的数字化资源，视频类资源可通过扫描书中二维码在线观看，学习者也可登录智慧职教(www.icve.com.cn)搜索课程"数控车床编程与加工技术"进行在线学习。

授课教师如需要本书配套的教学课件等资源或是其他需求，可发送邮件至邮箱1312137218@qq.com联系索取。

图书在版编目（CIP）数据

数控车床编程与加工技术/徐凯,孟令新,王同刚主编.--北京:高等教育出版社,2021.3

ISBN 978-7-04-052823-7

Ⅰ.①数… Ⅱ.①徐…②孟…③王… Ⅲ.①数控机床-车床-程序设计-高等职业教育-教材②数控机床-车床-生产工艺-高等职业教育-教材 Ⅳ.①TG519.1

中国版本图书馆CIP数据核字(2019)第216321号

策划编辑	吴睿韬	责任编辑 张值胜	封面设计 张 志	版式设计 马 云
插图绘制	于 博	责任校对 吕红颖	责任印制 存 怡	

出版发行　高等教育出版社
社　　址　北京市西城区德外大街4号
邮政编码　100120
印　　刷　三河市潮河印业有限公司
开　　本　787mm×1092mm　1/16
印　　张　12.75
字　　数　270千字
购书热线　010-58581118
咨询电话　400-810-0598

网　　址　http://www.hep.edu.cn
　　　　　http://www.hep.com.cn
网上订购　http://www.hepmall.com.cn
　　　　　http://www.hepmall.com
　　　　　http://www.hepmall.cn

版　　次　2021年3月第1版
印　　次　2021年3月第1次印刷
定　　价　38.80元

基于"智慧职教"开发和应用的新形态一体化教材,素材丰富、资源立体,教师在备课中不断创造,学生在学习中享受过程,新旧媒体的融合生动演绎了教学内容,线上线下的平台支撑创新了教学方法,可完美打造优化教学流程、提高教学效果的"智慧课堂"。

"智慧职教"是由高等教育出版社建设和运营的职业教育数字教学资源共建共享平台和在线教学服务平台,包括职业教育数字化学习中心(www.icve.com.cn)、职教云(zjy2.icve.com.cn)和云课堂(APP)三个组件。其中:

● 职业教育数字化学习中心为学习者提供了包括"职业教育专业教学资源库"项目建设成果在内的大规模在线开放课程的展示学习。

● 职教云实现学习中心资源的共享,可构建适合学校和班级的小规模专属在线课程(SPOC)教学平台。

● 云课堂是对职教云的教学应用,可开展混合式教学,是以课堂互动性、参与感为重点贯穿课前、课中、课后的移动学习 APP 工具。

"智慧课堂"具体实现路径如下:

1. 基本教学资源的便捷获取

职业教育数字化学习中心为教师提供了丰富的数字化课程教学资源,包括与本书配套的电子课件(PPT)、微课、动画、教学案例、实验视频、习题及答案等。未在 www.icve.com.cn 网站注册的用户,请先注册。用户登录后,在首页或"课程"频道搜索本书对应课程"数控车床编程与加工技术",即可进入课程进行在线学习或资源下载。

2. 个性化 SPOC 的重构

教师可通过开通职教云 SPOC 空间,根据本校的教学需求,通过示范课程调用及个性化改造,快捷构建自己的 SPOC,也可灵活调用资源库资源和自有资源新建课程。

3. 云课堂 APP 的移动应用

云课堂 APP 无缝对接职教云,是"互联网+"时代的课堂互动教学工具,支持无线投屏、手势签到、随堂测验、课堂提问、讨论答疑、头脑风暴、电子白板、课业分享等,帮助激活课堂,教学相长。

前言

　　为适应数控技术专业的现代职业教育的需要,紧跟信息时代的步伐,本书采用一体化的教学理念,融入视频、动画、仿真等信息手段,完成了立体化教材的设计及开发。

　　本书有如下特点。

　　1. 集工艺、编程、仿真、实训、技能拓展为一体。

　　2. 体现企业生产中配合的重要性,基于生产过程开发项目,每一个任务和前后的任务均能实现配合,甚至可以组装成具有一定运动功能的机构,既能让学生对学习产生兴趣,又能让学生明白其加工零件的目的和关联性。

　　3. 每个任务都以图纸为导入载体,以任务描述点出学习重点,然后展开相应的工艺、编程等知识的学习,目的明确、针对性强,让学生有了完成该任务需要解决什么问题的整体概念。

　　4. 不仅注重学生实际操作能力的培养,还十分注重学生学习方法和解决问题能力的培养,学生需要在完成任务的过程中总结出完成项目的方法,并且在最后的任务评价中加入了评分环节。

　　5. 在拓展训练中介绍企业典型零件加工和加工工艺,和企业充分结合。

　　本书由新乡职业技术学院徐凯、孟令新、王同刚任主编,张善晶、张会妨、李智慧、乔卫红任副主编,新乡职业技术学院冯超、裴建军、程天鹏、李增彬、武颖、武斐,沈阳机床股份有限公司刘薇,中航工业新航豫北转向系统(新乡)有限公司刘磊参编。

　　限于时间和编者水平,书中所述内容难免有不当之处,敬请广大师生指正。

编者

2019 年 3 月

目录

项目一

数控车床基本操作

一、任务描述

数控车床是指采用数字控制技术对加工过程进行自动控制的车床。数控车床在结构上与普通车床有很大的不同,其外观如图 1-1-1 所示。

图 1-1-1　数控车床

通过在实训车间参观,认真仔细地观察数控车床的加工过程,比较数控车床与普通车床的不同之处,深入了解数控车床的加工内容、加工特点,以及数控车床的种类、组成等基本知识,同时体验数控车床加工的工作环境,为进一步学习数控车床的操作做好准备。

二、相关理论

1. 数控车床简介

（1）数控车床的概念

数控即数字控制（Numerical Control, NC）,是 20 世纪中期发展起来的一种用数字化信号进行控制的自动控制技术。

数控车床是用数字化信号对机床的运动及其加工过程进行控制的车床,或者说是装备了数控系统的车床。它是一种技术密集度和自动化程度都很高的机电一体化加工设备,是数控技术与车床相结合的产物。

(2) 数控车床的组成

数控车床一般由控制介质、数控装置、伺服系统、测量反馈装置和车床主体组成,如图 1-1-2 所示。

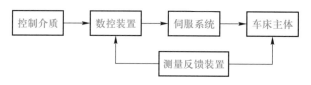

图 1-1-2 数控车床的组成

1)控制介质

控制介质是指将零件加工信息传送到数控装置去的程序载体。控制介质有多种形式,随数控装置类型的不同而不同,常用的有闪存卡、移动硬盘、U 盘等,如图 1-1-3所示。随着计算机辅助设计/计算机辅助制造(CAD/CAM)技术的发展,在某些 CNC 设备上,可利用 CAD/CAM 软件先在计算机上编程,然后通过计算机与数控系统通信,将程序和数据直接传送给数控装置。

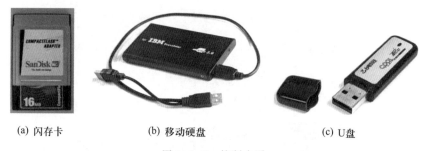

(a) 闪存卡　　　　　　(b) 移动硬盘　　　　　　(c) U盘

图 1-1-3 控制介质

2)数控装置

数控装置是数控车床的核心,现代数控装置通常是一台带有专门系统软件的专用计算机。如图 1-1-4 所示是某数控车床的数控装置,它由输入装置(如键盘)、控制运算器和输出装置(如显示器)等构成。它接受控制介质上的数字化信息,经过控制软件或逻辑电路进行编译、运算和逻辑处理后,输出各种信号和指令,控制车床的各个部分,进行规定的、有序的运动。

3)伺服系统

伺服系统由驱动装置和执行部件(如伺服电动机)组成,它是数控系统的执行机构,如图 1-1-5 所示。伺服系统分为进给伺服系统和主轴伺服系统。伺服系统的作用是把来自 CNC 的指令信号转换为车床移动部件的运动,它相当于手工操作人员的手,使工作台(或溜板)精确定位或按规定的轨迹进行严格的相对运动,最后加工出符合图样要求的零件。伺服系统作为数控车床的重要组成部分,其本身的性能直接影响整个数控车床的精度和速度。

(a) 伺服电动机　　(b) 驱动装置

图 1-1-4　数控装置　　　　　　图 1-1-5　伺服系统

4）测量反馈装置

测量反馈装置的作用是通过测量元件将车床移动的实际位置、速度参数检测出来，转换成电信号，并反馈到 CNC 装置中，使 CNC 能随时判断车床的实际位置、速度是否与指令一致，并发出相应指令，纠正所产生的误差。测量反馈装置安装在数控车床的工作台或丝杠上，相当于普通车床的刻度盘和人的眼睛。

5）车床主体

车床主体是数控车床的本体，主要包括床身、主轴、进给机构等机械部件，还有冷却、润滑、转位部件，如换刀装置、夹紧装置等辅助装置。

（3）数控车床的特点

1）适应性强

数控车床加工工件时，只需要简单的夹具，不需要制作成批的工装夹具，更不需要反复调整车床；加工新工件时，只需重新编制新工件的加工程序，就能实现新工件的加工。因此，特别适合单件、小批量及试制新产品的工件加工。对于普通车床很难加工的精密复杂零件，数控车床也能实现自动化加工。

2）加工精度高

数控车床是按数字指令进行加工的，目前数控车床的脉冲当量普遍达到了0.001 mm，而且进给传动链的反向间隙与丝杠螺距误差等均可由数控装置进行补偿，因此，数控车床能达到很高的加工精度。对于中小型数控车床，定位精度普遍可达 0.03 mm，重复定位精度为 0.01 mm。此外，数控车床的传动系统与车床结构都具有很高的刚度和热稳定性，制造精度高。数控车床的自动加工方式避免了人为的干扰因素，同一批零件的尺寸一致性好，产品合格率高，加工质量十分稳定。

3）生产效率高

工件加工所需时间包括机动时间和辅助时间，数控车床能有效地减少这两部分时间。数控车床的主轴转速和进给量的调整范围都比普通车床设备的范围大，因此数控车床每一道工序都可选用最有利的切削用量，从快速移动到停止采用了加速、减速措施，既提高运动速度，又保证定位精度，有效地降低机动时间。数控设备更换工件时，不需要调整车床，同一批工件加工质量稳定，无需停机检验，辅助时间大大缩短。特别是使用自动换刀装置的数控车削中心，可以在同一台车床上实

现多道工序连续加工,生产效率的提高更加明显。

4）劳动强度低

数控设备的工作是按照预先编制好的加工程序自动连续完成的,操作者除输入加工程序或操作键盘、装卸工件、关键工序的中间测量及观察设备的运行之外,不需要进行烦琐、重复手工的操作,这使得工人的劳动条件大为改善。

5）有良好的经济效益

虽然数控设备的价格昂贵,分摊到每个工件上的设备费用较大,但是使用数控设备会节省许多其他费用。特别是不需要设计制造专用工装夹具,加工精度稳定,废品率低,减少调度环节等,所以整体成本下降,可获得良好的经济效益。

6）有利于生产管理的现代化

采用数控车床能准确地计算产品单个工时,合理安排生产。数控车床使用数字信息与标准代码处理、控制加工,为实现生产过程自动化创造了条件,并有效地简化了检验、工夹具和半成品之间的信息传递。

（4）数控车床与普通车床的比较

数控车床与普通车床的比较见表1-1-1。

表 1-1-1　数控车床与普通车床对比表

序号	数控车床	普通车床
1	操作者可在较短的时间内掌握操作和加工技能	要求操作者有长期的实践经验
2	加工精度高、质量稳定,较少依赖于操作者的技能水平	高质量、高精度的加工要求操作者具有较高的技能水平
3	编制程序花费较多时间	加工过程凭直觉和技巧,准备工作简单
4	加工零件复杂程度高,适合多工序加工	适合加工形状简单、单一工序的产品
5	易于加工工艺标准化和刀具管理规范化	操作者以自己的方式完成加工,加工方式多样,很难实现标准化
6	适于长时间无人操作和加工自动化	实现自动化加工的准备环节必不可少的部分,如材料的预去除及夹具的制作等
7	适于计算机辅助生产控制,生产率高	很难提高加工的专门技术,不利于知识系统化和普及,生产率低,质量不稳定

数控车床
组成

2.数控车床的组成、分类和加工对象

（1）数控车床的组成

1）数控车床结构

数控车床主要由车床本体和数控系统两大部分组成。车床本体由床身、主轴、滑板、刀架、冷却装置等组成;数控系统由程序的输入/输出装置、数控装置、伺服驱动三部分组成。

如图 1-1-6 所示为 CKA 61100 型数控车床的外观。

图 1-1-6　CKA 61100 型数控车床外观

1—床身;2—主轴箱;3—电气控制箱;4—刀架;5—数控装置;6—尾座;7—导轨;8—丝杠;9—防护板

床身部分如图 1-1-7 所示,包括床身与床身底座。底座为整台机床的支撑与基础,所有的车床部件均安装于其上,主轴电动机与冷却液箱置于床身右侧的底座内部。

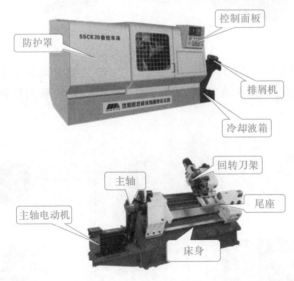

图 1-1-7　床身部分

主轴箱用于固定机床主轴。主轴电动机通过三角胶带直接把运动传给主轴。主轴通过同步齿形带与编码器(见图 1-1-8)相连,通过编码器测出主轴的实际转速。主轴调速直接通过变频电动机来实现。

电气控制箱如图 1-1-9 所示,内部用于安装各种车床电气控制元件、数控伺服控制单元、控制芯板和其他辅助装置。

刀架(见图 1-1-10)固定在中滑板上。常用的有 4 工位立式电动刀架和 6 工位电动刀架,用于安装车削刀具,通过自动转位来实现刀具的交换。

图 1-1-8　主轴与编码器

图 1-1-9　车床电气控制箱

图 1-1-10　数控车床刀架

　　数控装置如图 1-1-11 所示,主要由数控系统、伺服驱动装置和伺服电动机组成。其工作过程为:数控系统发出的信号经伺服驱动装置放大后指挥伺服电动机进行工作。

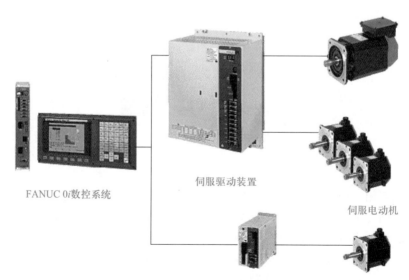

FANUC 0i数控系统

伺服驱动装置

伺服电动机

图 1-1-11　数控装置

尾座在长轴类零件加工时,起支撑等作用。

数控车床的纵向、横向进给均由伺服电动机通过联轴器直接与滚珠丝杠(见图 1-1-12)连接来实现。

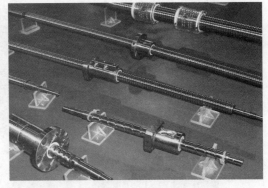

图 1-1-12　伺服电动机、弹性联轴器和各种滚珠丝杠

2) 车床数控系统

① FANUC 数控系统。FANUC 数控系统由日本富士通公司研制开发。当前,该数控系统在我国得到了广泛的应用。目前,在中国市场上,应用于车床的数控系统主要有 FANUC 18i TA/TB、FANUC 0i TA/TB/TC、FANUC 0 TD 等。FANUC 0i TA/TB/TC 数控系统操作界面如图 1-1-13 所示。

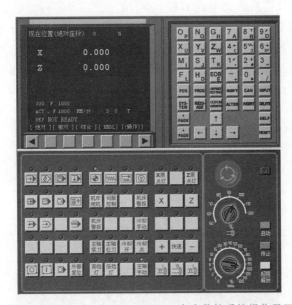

图 1-1-13　FANUC 0i TA/TB/TC 车床数控系统操作界面

② 西门子(SIEMENS)数控系统。SIEMENS 数控系统由德国西门子公司开发研制,该系统应用在我国的数控车床中也相当普遍。目前,在我国市场上,常用的数控系统除 SIMEMENS 840D/C、SIMEMENS 810T/M 等型号外,还有专门针对我国市场而开发的车床数控系统 SINUMERIK 802S/C base line、802D 等型号,其中 802S

系统采用步进电动机驱动,802C/D 系统则采用伺服驱动。SIEMENS 802D 车床数控系统操作界面如图 1-1-14 所示。

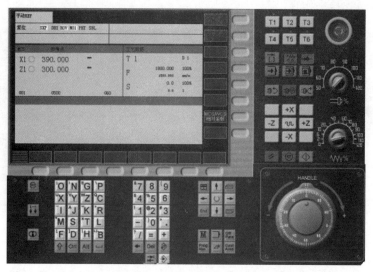

图 1-1-14　SIEMENS 802D 车床数控系统操作界面

③ 国产数控系统。自 20 世纪 80 年代初期开始,我国数控系统的生产与研制得到了飞速的发展,并逐步形成了以航天数控集团、机电集团、华中数控、蓝天数控等以生产普及型数控系统为主的国有企业,以及北京发那科机电有限公司、西门子数控(南京)有限公司等合资企业的基本力量。目前,常用于车床的数控系统有广州数控系统,如 GSK928T、GSK980T(操作面板见图 1-1-15)等;华中数控系统,如 HNC21T(操作面板见图 1-1-16)等;北京航天数控系统,如 CASNUC 2100 等;南京仁和数控系统,如 RENHE-32T/90T/100T 等。

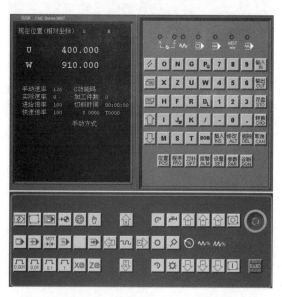

图 1-1-15　广州数控 GSK980T 系统操作界面

图 1-1-16　华中数控 HNC 21T 系统操作界面

④ 其他系统。除了以上三类主流数控系统外,国内使用较多的数控系统还有日本三菱数控系统和大森数控系统、法国施耐德数控系统、西班牙的法格数控系统和美国的 A-B 数控系统等。

（2）数控车床的分类

1）按车床主轴位置分类

数控车床根据车床主轴的位置,可分成卧式数控车床和立式数控车床两类,如图 1-1-17、图 1-1-18 所示。

图 1-1-17　经济型卧式数控车床

卧式数控车床的主轴轴线与水平面平行。此外,卧式数控车床又分为数控水平导轨卧式车床和数控倾斜导轨卧式车床。

立式数控车床主轴轴线垂直于水平面,一般采用圆形工作台来装夹工件。这类车床主要用于加工径向尺寸较大、轴向尺寸相对较小的大型复杂零件。

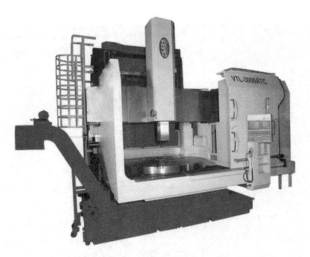

图 1-1-18　立式数控车床

2）按功能分类

按其功能,数控车床可分成经济型数控车床、全功能型数控车床、车削中心和车铣复合加工中心等几类。

经济型数控车床如图 1-1-17 所示,通常配备经济型数控系统,由普通车床进行数控改造而成。这类车床常采用开环或半闭环伺服系统控制,主轴较多采用变频调速,其结构与普通车床相似。

全功能型数控车床如图 1-1-19 所示,一般采用后置转塔式刀架,可装刀具数量较多,主轴为伺服驱动,车床采用倾斜床身结构以便于排屑,数控系统的功能较多、可靠性较好。

图 1-1-19　全功能型数控车床

车削中心如图 1-1-20 所示。该车床是在全功能数控车床的基础上,增加了 C 轴和动力头,刀架具有 Y 轴功能。更高级的数控车床带有刀库和自动换刀装置,可实现四轴(X 轴、Y 轴、Z 轴和 C 轴)联动功能。用于完成复杂空间型面的零件加工。

图 1-1-20　车削中心

车铣复合加工中心如图 1-1-21 所示，该车床是按模块化设计的多功能车床，可实现五轴联动的加工功能，既可完成车削加工任务，又可实现铣削加工任务，主要适用于形状复杂、加工精度要求较高的零件加工。

图 1-1-21　车铣复合加工中心

3）按其他方式分类

除以上的分类方式外，数控车床还可根据加工零件的基本类型、刀架数量、数控系统的不同控制方式等进行分类。

（3）数控车床的加工对象

数控车削是数控加工中用得最多的加工方法之一，由于它具有加工精度高、能进行直线和圆弧插补（高档数控车床数控系统还有非圆曲线插补功能）以及在加工过程中能自动变速的特点，因此，其工艺范围比普通车床宽得多。凡是能在数控车床上装夹的回转体零件都能在数控车床上加工。针对数控车床的特点，下列几种零件最适合数控车削加工。

1）精度要求高的回转体零件

由于数控车床刚度好，制造和对刀精度高，以及能方便和精确地进行人工补偿和自动补偿，所以能加工尺寸精度要求较高的零件，在有些场合可以以车代磨。对于圆弧以及其他曲线轮廓，加工出的形状与图样上所要求的几何形状的接近程度比仿形车床要高得多。数控车削对提高位置精度还特别有效，不少位置精度要求高的零件用普通车床车削时，因车床制造精度低、工件装夹次数多而达不到要求，只能在车削后用磨削或其他方法弥补。如图 1-1-22 所示的轴承内圈，原来采用三台液压半自动车床和一台液压仿形车床加工，需多次装夹，因而造成较大的壁厚误差，达不到图样要求，而改用数控车床加工，一次装夹即可完成滚道和内孔的车

视频
数控车床加工对象

削,壁厚误差大为减小,且加工质量稳定。

2）表面质量要求高的回转体零件

数控车床基本上都具有恒线速度切削功能,能加工出表面粗糙度值小而均匀的零件。在材质、余量和刀具已确定的情况下,表面粗糙度取决于进给量和切削速度。在普通车床上车削锥面、球面和端面时,由于转速恒定不变,致使车削后的表面粗糙度值不一致,只有某一直径处的表面粗糙度值最小。使用数控车床的恒线速度切削功能,就可选用最佳线速度来切削锥面、球面和端面,使车削后的表面粗糙度值既小又一致,如图 1-1-23 所示球头类零件。数控车削还适合于车削各部位表面粗糙度要求不同的零件,表面粗糙度值要求大的部位选用大的进给量,要求小的部位选用小的进给量。

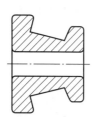

图 1-1-22　轴承内圈　　　　　　　图 1-1-23　球头类零件

3）表面形状复杂的回转体零件

由于数控车床具有直线和圆弧插补功能,所以可以车削任意直线和曲线组成的形状复杂的回转体零件。如图 1-1-24 所示的壳体零件封闭内腔的成形面,在普通车床上是无法加工的,而在数控车床上则很容易加工出来。

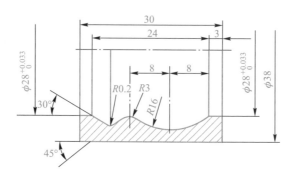

图 1-1-24　成形内腔零件

4）带特殊螺纹的回转体零件

普通车床所能车削的螺纹相当有限,在没有特殊附加装置的情况下,它只能车削等导程的直、锥面的公、英制螺纹,而且一台车床只能限定加工若干种导程的螺纹。数控车床不仅能车削等导程螺纹,还能车削特殊丝杠(见图 1-1-25),变(增/减)螺距、等螺距与变螺距作平滑过渡的螺旋零件以及高精度的模数螺旋零件(如圆柱、圆弧蜗杆)和端面螺纹。数控车床车削螺纹时,主轴转向不必像普通车床那样交替变换,它可以一刀一刀不停顿地循环,直到完成,所以车削螺纹的效率很高。数控车床可以配备精密螺纹切削功能,再加上采用硬质合金成形刀片,以及使用较高的转速,所以车削出来的螺纹精度高、表面粗糙度值小。

图 1-1-25　特殊丝杠

三、任务实施

1. 现场参观数控加工设备

每台数控车床从其外观来看可分成数控系统部分(见图 1-1-26)、机械部分(见图 1-1-27)和电气系统控制部分(见图 1-1-28)。

图 1-1-26　数控车床数控系统部分

图 1-1-27　数控车床机械部分

图 1-1-28　数控车床电气系统控制部分

　　数控系统部分是数控车床的"大脑",数控车床的所有加工动作均需通过数控系统来指挥。电气系统控制部分(一般位于车床的背面)是数控车床的"神经",数控车床的所有加工动作均通过电气系统控制部分来传递。机械部分是数控车床的"四肢",是其所有加工动作的忠实执行者。

　　2. 参观数控车床加工的工件

　　数控车床典型加工零件如图 1-1-29 所示。请大家思考:这些零件有哪些特点?

图 1-1-29　数控车床典型加工零件

任务2　认识数控车床的操作面板

一、任务描述

要进行数控车床的操作,首先要从操作面板入手。数控车床的操作面板上有许多按钮,这些按钮究竟具有哪些功能呢?下面就一起来认识一下如图 1-2-1 所示数控车床的操作面板,了解这些按钮的主要用途,并完成车床的开、关电源等基本操作。

图 1-2-1　数控车床操作面板

二、相关理论

1. 数控车床操作面板的组成

数控车床操作面板是操作人员与车床数控系统进行信息交流的工具。不同数控系统和不同车床生产厂家所应用的操作面板不尽相同。如图 1-2-2 所示为数控车床操作面板在车床上的位置。

数控车床操作面板由两大部分组成:数控系统操作面板和车床控制面板,如图 1-2-3 所示。

数控系统操作面板一般分为三大区域:显示区(CRT 屏幕)、MDI 键盘区和功能软键区。如图 1-2-4 所示为 FANUC 0i 数控系统操作面板。

视频

FANUC 0i TC
面板讲解

数据车床
操作面板

图 1-2-2　数控车床操作面板在车床上的位置

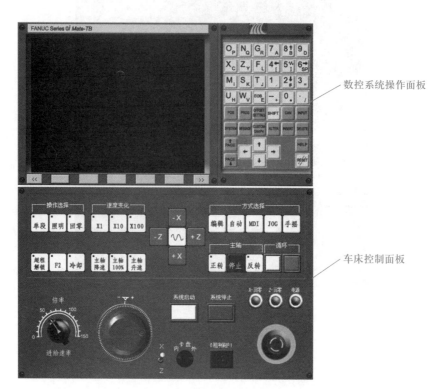

数控系统操作面板

车床控制面板

图 1-2-3　数控系统操作面板和车床控制面板

CRT 屏幕用于数控系统各种功能界面的显示。在 CRT 屏幕下有一排软按键，这一排软按键的功能是根据 CRT 中对应的提示来指定，按下相应的软按键，屏幕上即显示相对应的显示画面，如图 1-2-5 所示。

2. 数控系统 MDI 键盘区功能键介绍

数控系统 MDI 键盘主要用于程序的输入、编辑操作。参数输入、MDI 操作及

FANUC Series 0i Mate-TB

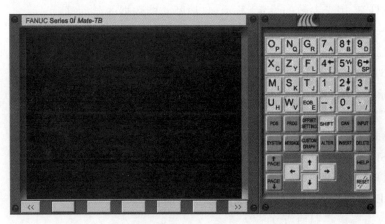

图 1-2-4　FANUC 0i 数控系统操作面板

系统管理操作等 MDI 各功能键如图 1-2-6 所示。

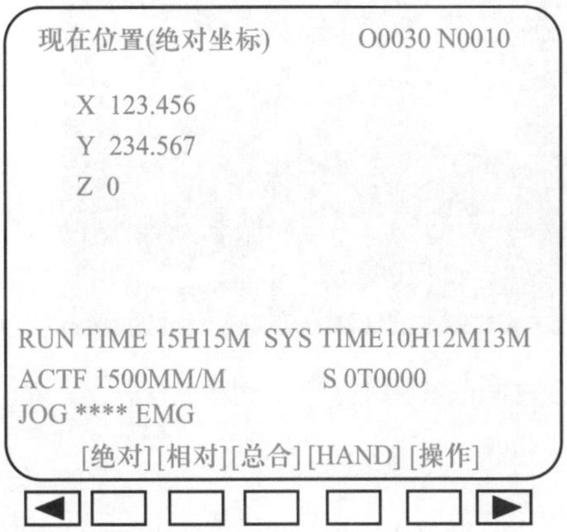

现在位置(绝对坐标)　O0030 N0010
X 123.456
Y 234.567
Z 0
RUN TIME 15H15M　SYS TIME10H12M13M
ACTF 1500MM/M　S 0T0000
JOG **** EMG
[绝对][相对][总合][HAND][操作]

图 1-2-5　软按键

POS
PROG
OFFSET SETTING
SHIFT
CAN
INPUT
SYSTEM
MESSAGE
CUSTOM GRAPH
ALTER
INSERT
DELETE
PAGE
HELP
RESET

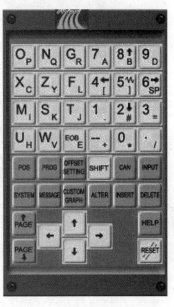

图 1-2-6　数控系统 MDI 功能键

A~Z:地址键,用于字母的输入。

0~9:数字、运算键。用于数字 0~9 及运算键“+”“-”“ * ”“/”等符号的输入。

EOB:用于程序段结束符“ * ”或“;”的输入。

POS:用于显示刀具的坐标位置。

PROG:用于显示“EDIT”方式下存储器里的程序;在 MDI 方式下输入及显示 MDI 数据;在 AUTO 方式下显示程序指令值。

OFFSET SETTING:用于设定并显示刀具补偿值、工作坐标系、宏程序变量。

SHIFT:用于输入上挡功能键。

CAN:用于取消最后一个输入的字符或符号。

INPUT:用于参数或补偿值的输入。

SYSTEM：用于参数的设定、显示，自诊断功能数据的显示等。

MESSAGE：用于显示 NC 报警信号信息、报警记录等。

DELETE：用于删除程序字、程序段及整个程序。

CUSTOM GRAPH：用于显示刀具轨迹等图形。

光标移动键：共四个，用于使光标上下或前后移动。

PAGE：翻页键，用于将屏幕显示的页面向前、向后翻页。

HELP：帮助功能键。

RESET：复位键，用于使所有操作停止，返回初始状态。

ALTER：用于程序编辑过程中程序字的替代。

INSERT：用于程序编辑过程中程序字的插入。

3. 数控车床控制面板功能介绍

数控车床控制面板各功能键如图 1-2-7 所示，各功能键含义与用途如下。

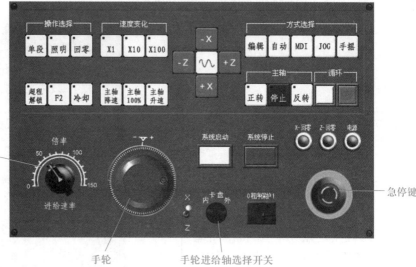

图 1-2-7   数控车床控制面板功能键

单段：单段运行方式。该模式下，每按一次循环启动按钮，车床将执行一段程序后暂停。

回零：按下该键，可以进行返回车床参考点操作。

速度变化：用于选择手轮移动倍率。按下所选的倍率键后，该键左上方的红灯亮。×1 为 0.001、×10 为 0.010、×100 为 0.100。

超程解锁：用来解除超程警报。

F2：辅助，自定义。

主轴降速：在自动或 MDI 方式下，按下该键，降低主轴转速。

主轴 100%：按下该键，指示灯亮，主轴按指令设定转速旋转。

X/Z 按键：用来选择车床欲移动的轴和方向。其中的 ∿ 为快进开关。

编辑：按下该键，进入编辑运行方式。

自动：按下该键，进入自动运行方式。

MDI：按下该键，进入 MDI 运行方式。

JOG：按下该键，进入 JOG 运行方式。

手摇：按下该键，进入手轮运行方式。

主轴旋转键：开启主轴正转、开启主轴反转和关闭主轴。

循环启动/停止键：用于车床自动运行程序的"启动"和"停止"的控制。

JOG 进给倍率刻度盘：用来调节 JOG 进给的倍率。

手轮：手轮模式下用来使车床移动。

系统启动/系统停止：用来开启和关闭数控系统。在通电开机和关机的时候用到。

手轮进给轴选择开关：手轮模式下用来选择机床要移动的轴。

程序保护：用于程序保护，"0"状态时，可修改程序；"1"状态时，不可修改程序。

急停键：用于锁住车床。按下急停键时，车床立即停止运动。

电源/回零指示灯：用来表明系统是否开机和回零的情况。

三、任务实施

在数控车床上进行基本操作，内容是开/关车床、回参考点（回零）、手动进给、手摇（增量）操作和 MDI 方式操作。这些内容是数控车床操作的最基本内容，是学习操作数控车床的起步，必须熟练掌握。

1. 准备工作

开机前应对数控车床进行一次全面检查，检查卡盘上所装夹的工件是否牢靠、润滑系统是否正常、车床各部位安全装置是否正常等，当确认各部位情况正常后，方可开机。

2. 基本操作

数控车床基本操作的内容及操作步骤见表 1-2-1。

表 1-2-1　数控车床基本操作的内容及操作步骤

任务	操作步骤	操作面板按钮图标
开机	1. 检查"急停"键是否松开 2. 打开车床电源 3. 按"系统启动"键	 急停　　系统启动
关机	1. 按"急停"键 2. 按"系统停止"键 3. 切断车床电源	 急停　　系统停止

续表

任务	操作步骤	操作面板按钮图标
回参考点（回零）操作	1. 开机 2. 按"回零"键 3. 按"+X"键（刀具沿 X 轴正方向运动） 4. 按"+Z"键（刀具沿 Z 轴正方向运动） 运动结束后,相应的指示灯会亮,说明"回零"完成	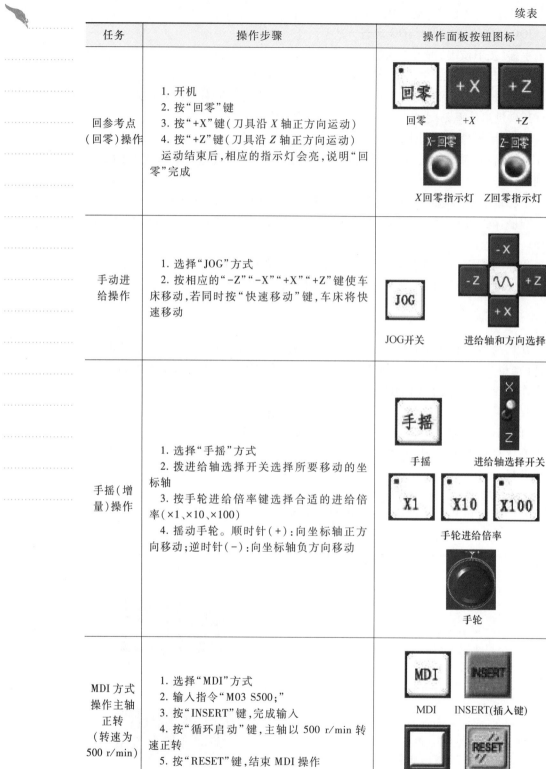
手动进给操作	1. 选择"JOG"方式 2. 按相应的"−Z""−X""+X""+Z"键使车床移动,若同时按"快速移动"键,车床将快速移动	
手摇（增量）操作	1. 选择"手摇"方式 2. 拨进给轴选择开关选择所要移动的坐标轴 3. 按手轮进给倍率键选择合适的进给倍率（×1、×10、×100） 4. 摇动手轮。顺时针（+）:向坐标轴正方向移动;逆时针（−）:向坐标轴负方向移动	
MDI 方式操作主轴正转（转速为500 r/min）	1. 选择"MDI"方式 2. 输入指令"M03 S500;" 3. 按"INSERT"键,完成输入 4. 按"循环启动"键,主轴以 500 r/min 转速正转 5. 按"RESET"键,结束 MDI 操作	

续表

任务	操作步骤	操作面板按钮图标
MDI 方式 操作调 用刀具 （2 号刀）	1. 检查刀具是否处于安全位置 2. 选择"MDI"方式 3. 输入"T0200；" 4. 按"INSERT"键 5. 按"循环启动"键	MDI　　INSERT(插入键) 循环启动

任务 3　数控车床的手动操作

一、任务描述

本任务是采用手摇（HANDLE）或手动（JOG）切削方式加工如图 1-3-1 所示工件，工件材料选用 ϕ50 mm×90 mm 的 45 号钢。

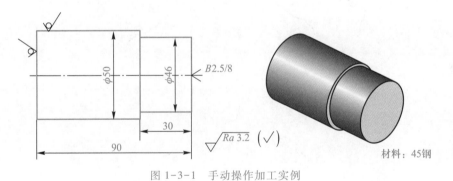

图 1-3-1　手动操作加工实例

二、相关理论

为了准确地描述数控车床的运动，确定数控车床上运动部件的位移和运动的方向，就需要规定数控车床坐标轴及坐标方向，即建立车床坐标系。数控编程与操作的首要任务就是确定车床的坐标系。

1. 数控车床的坐标系

（1）数控车床坐标系的基本概念

如图 1-3-2 所示为数控车床的坐标系。

1）坐标系的规定

数控车床上的坐标系是采用右手直角笛卡儿坐标系，如图 1-3-3 所示。图

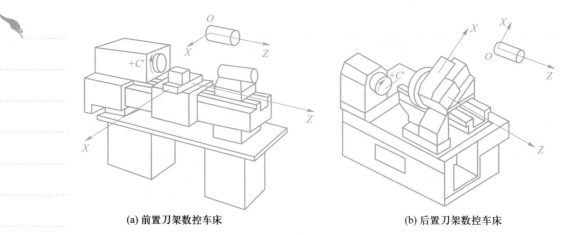

(a) 前置刀架数控车床　　　　　　　　　　　　　　(b) 后置刀架数控车床

图 1-3-2　数控车床的坐标系

中,大拇指的方向为 X 轴的正方向,食指为 Y 轴的正方向,中指为 Z 轴的正方向。

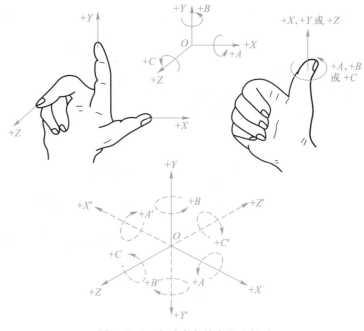

图 1-3-3　右手直角笛卡儿坐标系

2) 运动方向的确定

运动方向的确定见表 1-3-1。

表 1-3-1　运动方向的确定

运动类别	说明
Z 坐标的运动	Z 坐标的运动由传递切削力的主轴决定,与主轴轴线平行的坐标轴即为 Z 坐标。如果机床上有几个主轴,则选一垂直于工件装夹卡面的主轴作为主要的主轴

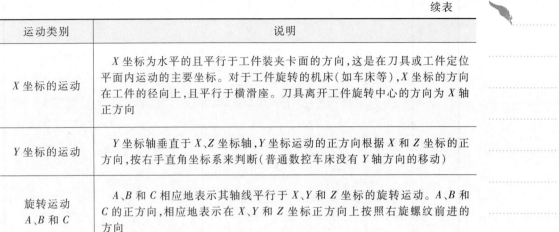

运动类别	说明
X 坐标的运动	X 坐标为水平的且平行于工件装夹卡面的方向,这是在刀具或工件定位平面内运动的主要坐标。对于工件旋转的机床(如车床等),X 坐标的方向在工件的径向上,且平行于横滑座。刀具离开工件旋转中心的方向为 X 轴正方向
Y 坐标的运动	Y 坐标轴垂直于 X、Z 坐标轴,Y 坐标运动的正方向根据 X 和 Z 坐标的正方向,按右手直角坐标系来判断(普通数控车床没有 Y 轴方向的移动)
旋转运动 A、B 和 C	A、B 和 C 相应地表示其轴线平行于 X、Y 和 Z 坐标的旋转运动。A、B 和 C 的正方向,相应地表示在 X、Y 和 Z 坐标正方向上按照右旋螺纹前进的方向

按我国颁布的标准《数字控制机床坐标和运动方向的命名》(JB/T 3051—1999)中的规定,数控车床的主轴轴线方向作为 Z 轴,其正方向为刀具远离工件的方向;X 轴位于与工件安装面平行的水平平面内,垂直于主轴轴线方向,刀具远离主轴轴线的方向为 X 轴的正方向。

卧式数控车床坐标轴方向的确定见表 1-3-2。

(2)数控车床坐标系中的各原点

数控车床的坐标系统,包括坐标系、坐标原点和运动方向。数控车床的一些主要的原点及其车床坐标系和编程坐标系,对于数控车床加工和编程都是十分重要的概念。

如图 1-3-4 所示为数控车床坐标系中的各原点。

1)车床原点

车床原点也称为车床零点,其位置通常由车床制造厂来确定。数控车床的车床坐标系原点的位置大多规定在其主轴轴心线与装夹卡盘的法兰盘端面的交点上,该原点是确定车床固定原点的基准。

2)机械原点(机械零点)

对于大多数数控车床,开机第一步总是先使车床返回机械原点(即所谓的车床回零),从而建立起车床坐标系。

机械原点又称车床固定原点或车床参考点。机械原点为数控车床上的固定的位置,通常设置在 X 轴和 Z 轴的正向的最大行程处,并由行程限位开关来确定其具体位置。利用车床回参考点操作或执行数控系统所指定的自动返回机械原点指令,可以使所指令的轴自动返回机械零点。

数控车床中的机械原点与车床原点一般不重合,其距离由系统参数设定,车床开机回参考点后显示的机械坐标值即是系统参数中设定的距离值。

(3)工件坐标系

1)工件坐标系的概念

车床坐标系的建立保证了刀具在车床上的正确运动。而实际加工中,刀具的

表 1-3-2　卧式数控车床坐标轴方向的确定

数控车床分类	刀架类型	Z 轴方向的确定	X 轴方向的确定	图例
刀架前置的数控车床	前置四方形回转刀架	刀具沿 Z 轴远离工件的方向为正方向	刀架沿 X 轴向前运动为负，向后运动为正	
刀架后置的数控车床	后置转塔刀架	刀具沿 Z 轴远离工件的方向为正方向	刀架沿 X 轴向前运动为正，向后运动为负	

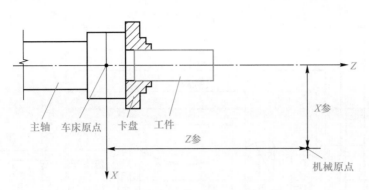

图 1-3-4 数控车床坐标系中的各原点

运动轨迹往往是相对被加工工件描述的,为方便编程和加工,还应在工件上建立工件坐标系,如图 1-3-5 所示。

2）工件坐标系原点

工件坐标系原点是指工件装夹完成后,选择工件上的某一点作为编程或工件加工的基准点。工件坐标系原点在零件图中以符号"⬤"表示。

数控车床工件坐标系原点选取如图 1-3-5 所示,X 向一般选在工件的回转中心,而 Z 向一般选在工件的右端面(O 点)或左端面(O' 点)。

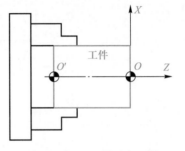

图 1-3-5 工件坐标系

2. 数控车削加工工艺分析

工艺分析是数控车削加工的前期工艺准备工作。工艺制定得合理与否,对程序编制、车床的加工效率和零件的加工精度都有重要影响。因此,应遵循一般的工艺原则并结合数控车床的特点,认真而详细地制定好零件的数控车削加工工艺。其主要内容有:分析零件图纸,确定工件在车床上的装夹方式,确定各加工面的加工顺序和刀具的进给路线,刀具、夹具和切削用量的选择等。

（1）数控车削加工零件的工艺分析

1）零件图分析

零件图分析是制定数控车削工艺的首要工作,主要包括以下内容。

① 尺寸标注方法分析

根据零件图上尺寸标注的方法选择编程方式,并尽量使选择的方式既有利于编程,又有利于设计基准、工艺基准、测量基准和编程原点的统一。零件图上的尺寸标注如图 1-3-6 所示。

② 轮廓几何要素分析

在手工编程时,要计算每个节点坐标;在自动编程时,要对构成零件轮廓的所有几何元素进行定义。因此在分析零件图时,要分析几何要素的给定条件是否充分,并合理选择编程顺序。几何要素缺陷示例如图 1-3-7 和图 1-3-8 所示,前者缺少零件轮廓线,后者尺寸标注计算错误。

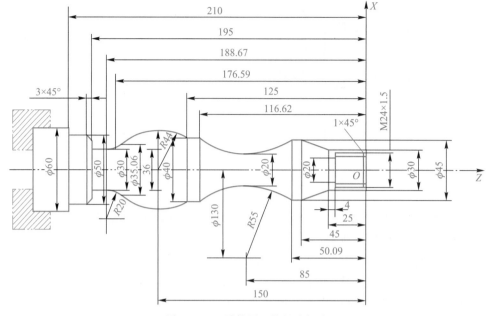

图 1-3-6 零件图上的尺寸标注

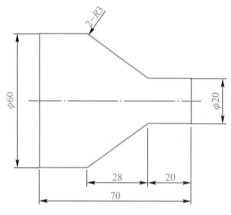

图 1-3-7 几何要素缺陷示例图一

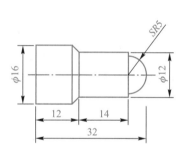

图 1-3-8 几何要素缺陷示例图二

③ 精度及技术要求分析

对被加工零件的精度及技术要求进行分析,是零件工艺性分析的重要内容,主要包括分析精度及各项技术要求是否齐全、是否合理以及是否能够在现有数控设备上完成加工,若不能完成,需采取其他措施(如磨削)弥补时,则应给后续工序留有余量;对表面粗糙度要求较高的表面,应考虑用恒线速切削。

④ 结构工艺性分析

零件的结构工艺性是指零件对加工方法的适应性,即所设计的零件结构应便于加工成型。在数控车床上加工零件时,应根据数控车削的特点,认真审视零件结构的合理性。例如图 1-3-9(a)所示零件,需用三把不同宽度的切槽刀切槽,如无特殊需要,显然是不合理的。若改成图 1-3-9(b)所示结构,只需一把刀即可切出三个槽,既减少了刀具数量、少占了刀架刀位,又节省了换刀时间。

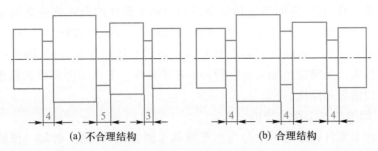

(a) 不合理结构   (b) 合理结构

图 1-3-9 结构工艺性示例图

2) 零件安装方式的选择

在数控车床上零件的安装方式与普通车床一样,要合理选择定位基准和夹紧方案,主要注意以下两点。

① 力求设计、工艺与编程计算的基准统一,这样有利于提高编程时数值计算的简便性和精确性。

② 尽量减少装夹次数,尽可能在一次装夹后,加工出全部待加工面。

（2）数控车削加工工艺路线的拟定

由于生产规模的差异,对于同一零件的车削工艺方案是有所不同的,应根据具体条件,选择经济、合理的车削工艺方案。

1) 加工方法的选择

在数控车床上,能够完成内外回转体表面的车削、钻孔、镗孔、铰孔和攻螺纹等加工操作,具体选择时应根据零件的加工精度、表面粗糙度、材料、结构形状、尺寸及生产类型等因素,选用相应的加工方法和加工方案。

2) 加工工序划分原则

在数控车床上加工零件,工序可以比较集中,一次装夹应尽可能完成全部工序。与普通车床加工相比,数控车床的加工工序划分有其自己的特点,常用的工序划分原则有以下两种。

① 保持精度原则

数控加工要求工序尽可能集中,通常粗、精加工在一次装夹下完成。为减少热变形和切削力变形对工件的形状、位置精度、尺寸精度和表面粗糙度的影响,应将粗、精加工分开进行。对轴类或盘类零件,将待加工面先粗加工,留少量余量精加工,来保证表面质量要求。对轴上有孔、螺纹加工的工件,应先加工表面而后加工孔、螺纹。

② 提高生产效率的原则

数控加工中,为减少换刀次数,节省换刀时间,应将需用同一把刀加工的加工部位全部完成后,再换另一把刀来加工其他部位。同时应尽量减少空行程,用同一把刀加工工件的多个部位时,应以最短的路线到达各加工部位。

3) 加工路线的确定

在数控加工中,刀具(严格说是刀位点)相对于工件的运动轨迹和方向称为加工路线,即刀具从对刀位点开始运动起,直至加工结束所经过的路径,包括切削加工的路径及刀具引入、返回等非切削空行程。加工路线的确定首先必须保持被加工零件的尺寸精度和表面质量,其次考虑数值计算简单、走刀路线尽量短、效率较高等。因精加工的进给路线基本上都是沿其零件轮廓顺序进行的,因此确定进给路线的工作重点是确定粗加工及空行程的进给路线。下面举例分析数控车削加工零件时常用的加工路线。

① 车圆锥的加工路线分析

在车床上车外圆锥时可以分为车正锥和车倒锥两种情况,而每一种情况又有两种加工路线。以车正锥为例,如图 1-3-10(a)所示加工路线,需要计算终刀距 S。假设圆锥大径为 D,小径为 d,锥长为 L,背吃刀量为 a_p,则由相似三角形可得:$(D-d)/(2L) = a_p/S$,则 $S = 2La_p/(D-d)$,按此种加工路线,刀具切削运动的距离较短。若按照如图 1-3-10(b)所示的走刀路线车正锥时,则不需要计算终刀距 S,只要确定背吃刀量 a_p,即可车出圆锥轮廓,编程方便。但在每次切削中,背吃刀量是变化的,而且切削运动的路线较长。车倒锥的两种加工路线如图 1-3-11 所示。

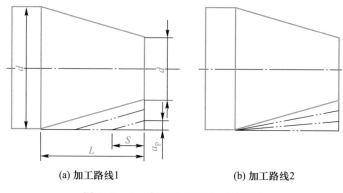

(a) 加工路线1　　　　　　(b) 加工路线2

图 1-3-10　车正锥的两种加工路线

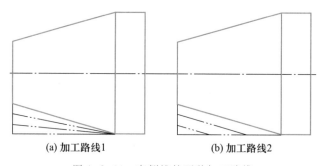

(a) 加工路线1　　　　　　(b) 加工路线2

图 1-3-11　车倒锥的两种加工路线

② 车圆弧的加工路线分析

应用 G02(或 G03)指令车圆弧时,若用一把刀加工出来,这样刀量太大,容易打刀。所以,实际切削时,需要多刀加工,先将大部分余量切除,最后才车得所需圆弧。

如图 1-3-12 所示为同心圆弧切削路线车圆弧。即用不同半径圆来车削,最后将所需圆弧加工出来。此方法在确定了每次背吃刀量后,对 90°圆弧的起点、终点坐标较易确定。如图 1-3-12(a)所示的走刀路线较短,如图 1-3-12(b)所示的加工空行程时间较长。但如图 1-3-12(b)所示的方法数值计算简单、编程方便,故常采用,可适合于加工较复杂的圆弧。

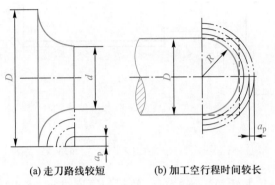

(a) 走刀路线较短　　　(b) 加工空行程时间较长

图 1-3-12　同心圆弧切削路线车圆弧

③ 轮廓粗车加工路线分析

切削进给路线最短,可有效提高生产效率,降低刀具损耗。安排最短切削进给路线时,应同时兼顾工件的刚性和加工工艺性等要求,不要顾此失彼。

如图 1-3-13 所示给出了三种不同的轮廓粗车切削进给路线。其中,如图 1-3-13(a) 所示为利用数控系统具有的封闭式复合循环功能控制车刀沿着工件轮廓线进行进给的路线;如图 1-3-13(b) 所示为三角形循环进给路线;如图 1-3-13(c) 所示为矩形循环进给路线,其路线总长最短,因此在同等切削条件下的切削时间最短、刀具损耗最少。

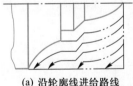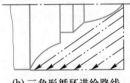

(a) 沿轮廓线进给路线　　　(b) 三角形循环进给路线　　　(c) 矩形循环进给路线

图 1-3-13　粗车进给路线示例

④ 车螺纹时的轴向进给距离分析

在数控车床上车螺纹时,沿螺距方向的 Z 向进给应和车床主轴的旋转保持严格的速比关系,因此应避免在进给机构加速或减速的过程中切削。为此要有引入距离 δ_1 和超越距离 δ_2,如图 1-3-14 所示。δ_1 和 δ_2 的数值与车床驱动系统的动态特性、螺纹的螺距和精度有关。一般 δ_1 为 2~5 mm,对大螺距和高精度的螺纹取大值;δ_2 一般为 1~2 mm。这样在切削螺纹时,能保证在升速后使刀具接触工件,刀具离开工件后再降速。

4) 车削加工顺序的安排

制订零件车削加工顺序一般遵循下列原则。

① 基面先行原则:用作精基准的表面应优先加工出来,因为定位基准的表面越精确,装夹误差就越小。例如轴类零件加工时,总是先加工中心孔,再以中心孔为精基准加工外圆表面和端面。

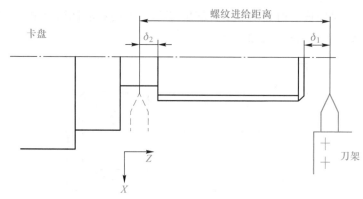

图 1-3-14 车螺纹时的引入距离 δ_1 和超越距离 δ_2

② 先粗后精:按照粗车→半精车→精车的顺序进行,逐步提高加工精度。粗车将在较短的时间内将工件表面上的大部分加工余量(如图 1-3-15 所示的双点画线内所示部分)切掉,一方面提高金属切除率,另一方面满足精车的余量均匀性要求。若粗车后所留余量的均匀性满足不了精加工的要求时,则要安排半精车,以此为精车做准备。精车要保证加工精度,按图样尺寸一刀切出零件轮廓。

③ 先近后远:在一般情况下,离对刀点近的部位先加工,离对刀点远的部位后加工,以便缩短刀具移动距离,减少空行程时间。对于车削而言,先近后远还有利于保持坯件或半成品的刚性,改善其切削条件。例如加工如图 1-3-16 所示零件时,若第一刀吃刀

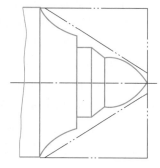

图 1-3-15 先粗后精加工示例

量未超限,则应该按 $\phi34\ mm→\phi36\ mm→\phi38\ mm$ 的次序先近后远地安排车削顺序。

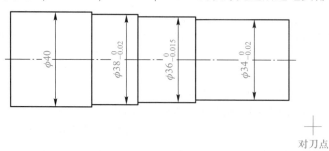

图 1-3-16 先近后远示例

④ 内外交叉:对既有内表面(内型腔),又有外表面需加工的零件,安排加工顺序时,应先进行内外表面粗加工,后进行内外表面精加工。切不可将零件上一部分表面(外表面或内表面)加工完毕后,再加工其他表面(内表面或外表面)。

3. 数控车削加工工序的设计

(1)数控车削加工夹具的选择

1)圆周定位夹具

圆周定位夹具如图 1-3-17 所示。

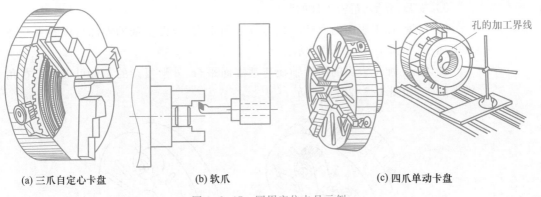

(a) 三爪自定心卡盘   (b) 软爪   (c) 四爪单动卡盘

图 1-3-17 圆周定位夹具示例

① 三爪自定心卡盘:能自动定心,夹持范围大,一般不需找正,装夹速度较快。但其夹紧力小,卡盘磨损后会降低定心精度。

② 软爪:是在使用前配合被加工工件特别制造的,如加工成圆弧面、圆锥面或螺纹等形式,可获得理想的夹持精度。

③ 弹簧夹套:定心精度高,装夹工件快捷方便,常用于精加工的外圆表面定位。弹簧夹套夹持工件的内孔是标准系列,并非任意直径。

④ 四爪单动卡盘:夹紧力较大,适用于大型或形状不规则的工件。但四爪单动卡盘找正比较费时,只能用于单件小批生产。

2) 中心孔定位夹具

① 两顶尖拨盘:两顶尖(活顶尖、死顶尖)装夹工件方便,不需找正,装夹精度高。该方式适用于长度尺寸较大或加工工序较多的轴类工件的精加工,如图 1-3-18 所示。

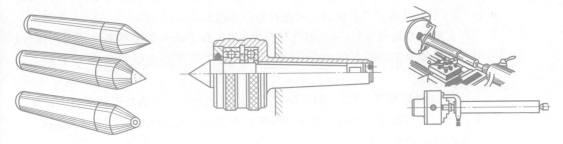

图 1-3-18 顶尖

② 拨动顶尖:常用拨动顶尖有内、外拨动顶尖和端面顶尖两种,内、外拨动顶尖如图 1-3-19 所示。

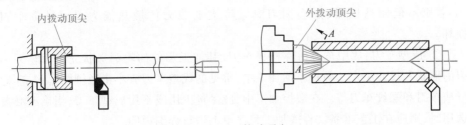

图 1-3-19 拨动顶尖

3）复杂、异形、精密工件的装夹

① 花盘：加工表面的回转轴线与基准面垂直、外形复杂的零件可以装夹在花盘上加工，如图1-3-20(a)所示。

② 角铁：加工表面的回转轴线与基准面平行、外形复杂的零件可以装夹在角铁上加工，如图1-3-20(b)所示。

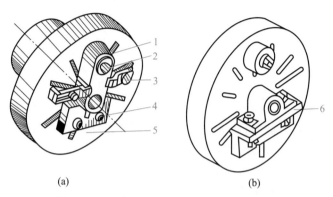

图1-3-20　在花盘角铁上装夹和找正轴承座

1—连杆；2—圆形压板；3—压板；4—V形架；5—花盘；6—角铁

（2）刀具的选择

1）常用车刀种类及其选择

数控车削常用车刀一般分尖形车刀、圆弧形车刀和成型车刀三类，如图1-3-21所示。

① 尖形车刀：是以直线形切削刃为特征的车刀。这类车刀的刀尖（同时也是其刀位点）由直线形的主、副切削刃构成，如90°内外圆车刀、左右端面车刀、切断（车槽）车刀以及刀尖倒棱很小的各种外圆和内孔车刀。

尖形车刀几何参数（主要是几何角度）的选择方法与普通车削时基本相同，但应适合数控加工的特点（如加工路线、加工干涉等）进行全面考虑，并应兼顾刀尖本身的强度。

② 圆弧形车刀：是以一圆度误差或线轮廓误差很小的圆弧形切削刃为特征的车刀。该车刀圆弧刃上每一点都是圆弧形车刀的刀尖，因此，刀位点不在圆弧上，而在该圆弧的圆心上。

圆弧形车刀可用于车削内外表面，特别适合于车削各种光滑连接（凹形）的成形面。选择车刀圆弧半径时应考虑两点：一是车刀切削刃的圆弧半径应小于或等于零件凹形轮廓上的最小曲率半径，以免发生加工干涉；二是该半径不宜选择太小，否则不但制造困难，还会因刀具强度太弱或刀体散热能力差而导致车刀损坏。

③ 成型车刀：成型车刀俗称样板车刀，其加工零件的轮廓形状完全由车刀刀刃的形状和尺寸决定。数控车削加工中，常见的成型车刀有小半径圆弧车刀、非矩形槽车刀和螺纹车刀等。在数控加工中，应尽量少用或不用成型车刀，当确有必要选用时，则应在工艺准备文件或加工程序单上进行详细说明。

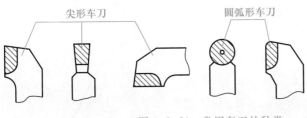
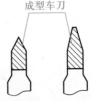

图 1-3-21　常用车刀的种类

如图 1-3-22 所示给出了常用车刀的种类、形状和用途。

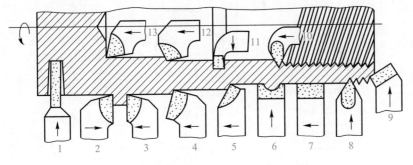

图 1-3-22　常用车刀的种类、形状和用途

1—切断刀；2—90°左偏刀；3—90°右偏刀；4—弯头车刀；5—直头车刀；6—成型车刀；7—宽刃精车刀；
8—外螺纹车刀；9—端面车刀；10—内螺纹车刀；11—内槽车刀；12—通孔车刀；13—盲孔车刀

2）机夹可转位车刀的选用

目前，数控车床上大多使用系列化、标准化刀具，对可转位机夹外圆车刀、端面车刀等的刀柄和刀头部有国家标准及系列化型号。为了减少换刀时间和方便对刀，便于实现机械加工的标准化，数控车削加工时，应尽量采用机夹刀和机夹刀片。数控车床常用的机夹可转位车刀结构如图 1-3-23 所示。

① 刀片材质的选择：常见刀片材料有高速钢、硬质合金、涂层硬质合金、陶瓷、立方氮化硼和金刚石等，其中应用最多的是硬质合金和涂层硬质合金刀片。选择刀片材质主要依据被加工工件的材料、被加工表面的精度、表面质量要求、切削载荷的大小以及切削过程有无冲击和振动等。

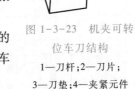

图 1-3-23　机夹可转
位车刀结构

1—刀杆；2—刀片；
3—刀垫；4—夹紧元件

② 刀片尺寸的选择：刀片尺寸的大小取决于必要的有效切削刃长度 L。有效切削刃长度与背吃刀量 a_p 和车刀的主偏角 K_r 有关，使用时可查阅有关刀具手册选取。

③ 刀片形状的选择：刀片形状主要依据被加工工件的表面形状、切削方法、刀具寿命和刀片的转位次数等因素选择。被加工表面形状及适用的刀片可参考如表 1-3-3 所示型号选取，表中刀片型号组成见国家标准《切削刀具可转位刀片型号表示规则》（GB 2076—1987）。常见可转位车刀刀片形状及角度如图 1-3-3 所示。

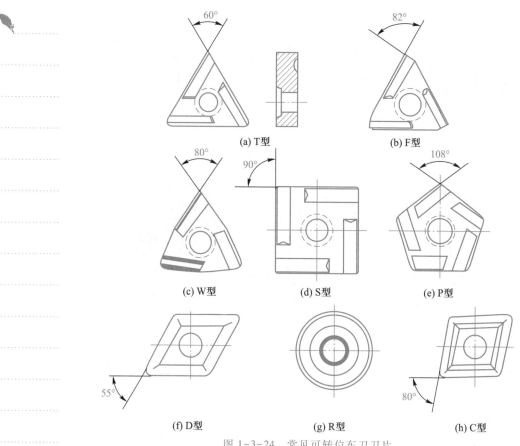

图 1-3-24 常见可转位车刀刀片

表 1-3-3 被加工表面与适用的刀片形状

	主偏角	45°	45°	60°	75°	90°
车削外圆表面	刀片形状及加工示意图	45° ←	45° ↗	60° ←	75° ←	95° ↗
	推荐选用刀片	SCMA SPMR SCMM SNMN-8 SNMN-9	SCMA SPMR SCMM SNMG SPUN SPGR	TCMA TNMM-8 TCMM TPUN	SCMM SPUM SCMA SPMR SNMA	CCMA CCMM CNMM-7
	主偏角	75°	90°	90°	95°	
车削端面	刀片形状及加工示意图	75° ↑	90° ↑	90° ↑	95° ↑	
	推荐选用刀片	SCMA SPMR SCMM SPUR SPUM CNMG	TNUN TNMA TCMA TPUN TCMN TPMR	CCMA	TPUN TPMR	

车削成型面	主偏角	15°	45°	60°	60°	93°
	刀片形状及加工示意图	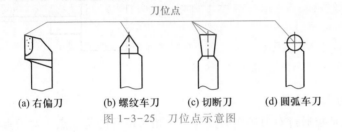				
	推荐选用刀片	RCMM	RNNG	TNMM-8	TNMG	TNMA

（3）与刀具有关的重要点（位置）

1）刀位点

刀位点是指刀具的定位基准点。数控系统控制刀具的运动轨迹,准确说是控制刀位点的运动轨迹。刀位点示意图如图 1-3-25 所示。

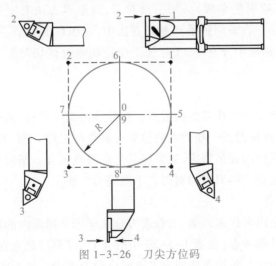

(a) 右偏刀　(b) 螺纹车刀　(c) 切断刀　(d) 圆弧车刀

图 1-3-25　刀位点示意图

2）刀尖方位码

它定义了刀具刀位点与刀尖圆弧中心的位置关系,FANUC 系统有 0~9 共 10 个方位,如图 1-3-26 所示。若刀尖方位码设为 0 或 9 时,车床将以刀尖圆弧中心为刀位点进行刀补计算处理;当刀尖方位码设为 1~8 时,车床将以假想刀尖为刀位点,如图 1-3-27 所示,根据相应的代码方位进行刀补计算处理。

图 1-3-26　刀尖方位码

3）起刀点

起刀点是刀具相对零件运动的起点,即零件加工程序开始时刀位点的起始位置,而且往往还是程序运行的终点。有时也指一段循环程序的起点。起刀点的确定与工件毛坯余量大小有关,应以刀具快速走到该点时刀尖不与工件发生碰撞为原则。如图 1-3-28 所示为起刀点的确定。

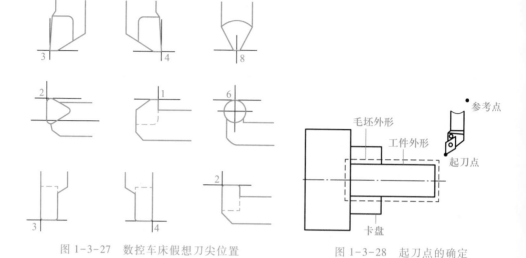

图 1-3-27　数控车床假想刀尖位置　　　　　图 1-3-28　起刀点的确定

4)对刀点与对刀

对刀点是指通过对刀确定刀具与工件相对位置的基准点。对刀点可以设置在被加工零件上,也可以设置在夹具上与零件定位基准有一定尺寸联系的某一位置,对刀点往往选择零件的加工原点。在使用对刀点确定加工原点时,就需要进行"对刀"。所谓对刀是指使"刀位点"与"对刀点"重合的操作。每把刀具的半径与长度尺寸都是不同的,刀具装在机床上后,应在控制系统中设置刀具的基本位置。

对刀的好与差,将直接影响到加工程序的编制及零件的尺寸精度。目前,绝大多数的数控机床(特别是车床)采用手动对刀,其基本方法有定位对刀法、光学对刀法和试切对刀法。在前两种手动对刀方法中,均因可能受到手动和目测等多种误差的影响,对刀精度十分有限,实际加工中往往通过试切对刀,以得到更加准确和可靠的结果。

5)换刀点

数控程序中指定用于换刀的位置点。在数控加工零件时,需要经常换刀,在程序编制时,就要设置换刀点。换刀点的位置应避免与工件、夹具和机床干涉。普通数控车床的换刀点由编程员指定,通常将其与对刀点重合。车削中心、加工中心的换刀点一般为固定点。换刀点与对刀点不能混为一谈。

6)对刀参考点

对刀参考点是用来代表刀架、刀台或刀盘在车床坐标系内的位置的参考点,也称刀架中心或刀具参考点,如图 1-3-29 中的 A 点,可利用此点在车床坐标系下的坐标值进行对刀操作。数控车床回参考点时应使刀架中心与车床参考点重合。

(4)切削用量三要素

数控编程时,编程人员必须确定每道工序的切削用量,并以指令的形式写入程序中。切削用量包括主轴转速、背吃刀量及进给速度等,如图 1-3-30 所示。对于不同的加工方法,需要选用不同的切削用量。切削用量的选择原则是:保证零件加工精度和表面粗糙度,充分发挥刀具的切削性能,保证合理的刀具耐用度,充分发挥车床的性能,最大限度提高生产率、降低成本。

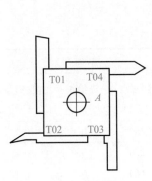

图 1-3-29　对刀参考点

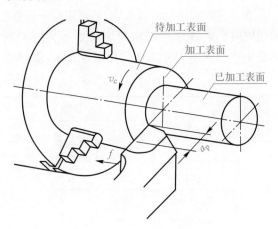

图 1-3-30　车削示意图

1)确定主轴转速 n(r/min)

①车削时主轴转速:车削时主轴转速应根据零件上被加工部位的直径,并按零件和刀具的材料及加工性质等条件所允许的切削速度 v_c(m/min)来确定。切削速度除了计算和查表选取外,还可根据实践经验确定。切削速度确定之后,用下式计算主轴转速

$$n = \frac{1\,000\,v_c}{\pi d} \tag{1}$$

式中,d——切削刃选定点处所对应的工件或刀具的回转直径,单位为 mm。

②车螺纹时主轴转速:对于不同的数控系统,推荐不同的主轴转速选择范围。如大多数普通型车床数控系统推荐车螺纹时的主轴转速如下

$$n \leqslant \frac{1\,000}{P} - K \tag{2}$$

式中,P——工件螺纹的螺距或导程,单位为 mm;

　　K——保险系数,一般取 80。

2)确定进给速度 v_f(mm/min)

进给速度的大小直接影响表面粗糙度的值和车削效率,因此进给速度的确定应在保证表面质量的前提下,选择较高的进给速度。

进给速度包括纵向进给速度和横向进给速度。一般根据零件的表面粗糙度、刀具及工件材料等因素,查阅切削用量手册选取每转进给量 f,再按下式计算进给速度

$$v_f = f \times n \tag{3}$$

式中,f——每转进给量,单位 mm/r,粗车时一般选取为 0.3~0.8 mm/r,精车时常取 0.1~0.3 mm/r,切断时常取 0.05~0.2 mm/r。

3）背吃刀量的确定

背吃刀量根据车床、工件和刀具的刚度来决定。在刚度允许的条件下,应尽可能使背吃刀量等于工件的加工余量,这样可以减少走刀次数,提高生产效率。为了保证加工表面质量,精车时可留少许加工余量,一般为 0.2~0.5 mm。

在工厂的实际生产过程中,切削用量一般根据经验并通过查表的方式进行选取。常用硬质合金或涂层硬质合金切削不同材料时的切削用量推荐值见表 1-3-4。如表 1-3-5 所示为常用切削用量推荐表,供参考。

表 1-3-4　硬质合金刀具切削用量推荐表

刀具材料	工件材料	粗加工			精加工		
		切削速度/ $(m \cdot min^{-1})$	进给量/ $(mm \cdot r^{-1})$	背吃刀量/ mm	切削速度/ $(m \cdot min^{-1})$	进给量/ $(mm \cdot r^{-1})$	背吃刀量/ mm
硬质合金或涂层硬质合金	碳钢	220	0.2	3	260	0.1	0.4
	低合金钢	180	0.2	3	220	0.1	0.4
	高合金钢	120	0.2	3	160	0.1	0.4
	铸铁	80	0.2	3	120	0.1	0.4
	不锈钢	80	0.2	2	60	0.1	0.4
	钛合金	40	0.2	1.5	150	0.1	0.4
	灰铸铁	120	0.2	2	120	0.15	0.5
	球墨铸铁	100	0.2 0.3	2	120	0.15	0.5
	铝合金	1 600	0.2	1.5	1 600	0.1	0.5

表 1-3-5　常用切削用量推荐表

工件材料	加工内容	背吃刀量 a_p/mm	切削速度 v_c/ $(m \cdot min^{-1})$	进给量 f/ $(mm \cdot r^{-1})$	刀具材料
碳素钢 σ_b>600 MPa	粗加工	5~7	60~80	0.2~0.4	YT 类
	粗加工	2~3	80~120	0.2~0.4	
	精加工	2~6	120~150	0.1~0.2	
	钻中心孔		500~800	钻中心孔	W18Cr4V
	钻孔		25~30	钻孔	
	切断(宽度<5 mm)	刀头宽度	80~120	0.05~0.2	YT 类
铸铁 HBS<200	粗加工		50~70	0.2~0.4	YG 类
	精加工		70~100	0.1~0.2	
	切断(宽度<5 mm)	刀头宽度	60~80	0.05~0.2	

4）选择切削用量时应注意的几个问题

① 主轴转速:应根据零件上被加工部位的直径,并按零件和刀具的材料及加工性质等条件所允许的切削速度来确定。切削速度除了计算和查表选取外,还可

根据实践经验确定。需要注意的是交流变频调速数控车床低速输出力矩小,因而切削速度不能太低。根据切削速度可以计算出主轴转速。

② 车螺纹时的主轴转速:数控车床加工螺纹时,因其传动链的改变,原则上其转速只要能保证主轴每转一周时,刀具沿主进给轴(多为 Z 轴)方向位移一个螺距即可。

三、任务实施

1. 对刀操作

对刀操作在整个加工过程中的作用非常重要,将直接影响到加工的精度。若对刀错误,有发生生产事故的危险,直接危害车床和操作者的安全,所以,要规范、正确、熟练地掌握。

视频
数控车床
手动对刀

对刀操作的步骤及内容见表 1-3-6。

表 1-3-6　对刀操作的步骤及内容

步骤	内容	图示
准备工作	1. 开机 2. 回参考点(回零) 3. 用三爪自定心卡盘安装工件(伸出约 50 mm) 4. 用"MDI"方式换为 1 号刀位 5. 在 1 号刀位安装外圆/端面车刀 6. 手动进给,将刀具靠近工件端面处	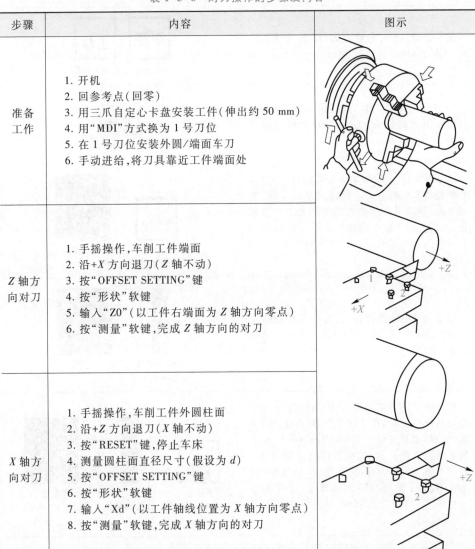
Z 轴方向对刀	1. 手摇操作,车削工件端面 2. 沿+X 方向退刀(Z 轴不动) 3. 按"OFFSET SETTING"键 4. 按"形状"软键 5. 输入"Z0"(以工件右端面为 Z 轴方向零点) 6. 按"测量"软键,完成 Z 轴方向的对刀	
X 轴方向对刀	1. 手摇操作,车削工件外圆柱面 2. 沿+Z 方向退刀(X 轴不动) 3. 按"RESET"键,停止车床 4. 测量圆柱面直径尺寸(假设为 d) 5. 按"OFFSET SETTING"键 6. 按"形状"软键 7. 输入"Xd"(以工件轴线位置为 X 轴方向零点) 8. 按"测量"软键,完成 X 轴方向的对刀	

2.手动切削加工工件

手动切削加工本任务工件的操作步骤见表1-3-7。

表 1-3-7 手动切削加工工件的操作步骤

操作步骤	图示
确定刀具切削轨迹及各基点坐标如图所示,由于总切深量较大,所以分两层手动切削,其轨迹为 *ABCDA* 和 *AEFDA*	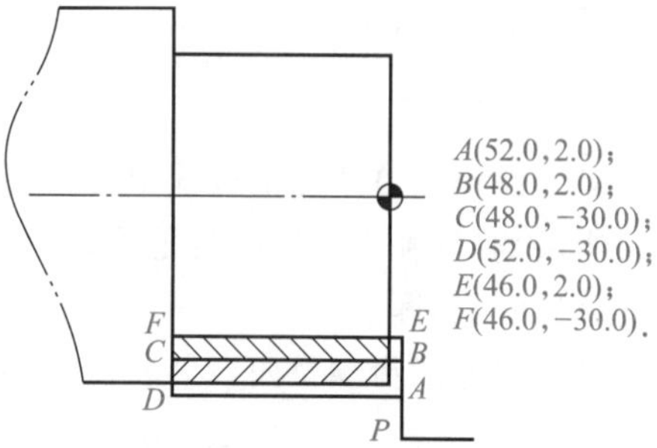 $A(52.0, 2.0)$; $B(48.0, 2.0)$; $C(48.0, -30.0)$; $D(52.0, -30.0)$; $E(46.0, 2.0)$; $F(46.0, -30.0)$.
按手摇键,进入手轮方式;按下主轴正转键,主轴正转	 手摇键 　主轴正转键
按 MDI 功能键"POS"键,显示位置屏幕,按屏幕下方的软键"总合",显示相应位置屏幕	 POS键
按下手轮进给倍率键"×100"键,根据刀具当前位置和屏幕上显示的绝对坐标系值,手摇手轮,移动刀具到坐标点 *A* 点处(当靠近该点时,应选择较小的增量步长),使屏幕中显示的绝对坐标值为:X52.0,Y2.0(*X* 坐标为直径值)	 手轮进给倍率键 　手轮
拨手轮进给轴选择开关,选择手摇进给轴 *X* 轴,仅在−*X* 轴方向移动刀具至绝对坐标到 X48.0 处(*B* 点)	 手轮进给轴选择开关 　手轮
按下手轮进给倍率键"×10"键;拨手轮进给轴选择开关,选择手摇进给轴 *Z* 轴,在−*Z* 轴方向移动刀具至 *C* 点(48.0,−30.0);拨手轮进给轴选择开关,选择手摇进给轴 *X* 轴,在 +*X* 轴方向移动刀具至 *D* 点(52.0,−30.0);拨手轮进给轴选择开关,选择手摇进给轴 *Z* 轴,将刀具沿+*Z* 方向移动至 *A* 点(52.0,2.0)	 手轮进给倍率键 　手轮进给轴选择开关 　手轮
用以上同样的方法,完成 $\phi46$ mm 外圆的切削,完成后退出刀具	

任务 4 数控程序的输入与编辑

一、任务描述

数控车床能忠实地执行数控系统发出的命令,而这些命令则通过数控程序来体现。因此,数控车床操作的首要任务就是将数控程序正确、快速地输入数控系统。本任务是将下列数控车床程序采用手工输入方式输入数控装置,并通过程序校验来验证所输入程序的正确性。

```
O0010;
G98;
T0101;
G00 X100.0 Z100.0;
M03 S600;
G00 X52.0 Z2.0;
G01 X48.0 F100;
    Z-30.0;
    X52.0;
G00 Z2.0;
G01 X46.0;
    Z-30.0;
    X52.0;
G00 Z2.0;
    X100.0 Z100.0;
    M30;
```

二、相关理论

1. 数控编程

（1）数控编程的定义

为了使数控车床能根据零件加工的要求进行动作,必须将这些要求以车床数控系统能识别的指令形式告知数控系统,这种数控系统可以识别的指令称为程序,制作程序的过程称为数控编程。

数控编程的过程不仅仅单一指编写数控加工指令代码的过程,它还包括从零件分析到编写加工指令代码,再到制成控制介质以及程序校验的全过程。

（2）数控编程的分类

数控编程可分为手工编程和自动编程两种。

1）手工编程

手工编程是指所有编制加工程序的全过程,即图样分析、工艺处理、数值计算、编写程序单、制作控制介质、程序校验都是由手工来完成。

手工编程不需要计算机、编程器、编程软件等辅助设备,只需要有合格的编程人员即可。手工编程具有编程快速、及时的优点,但其缺点是不能进行复杂曲面的编程。手工编程比较适合批量较大、形状简单、计算方便、轮廓由直线或圆弧组成的零件的加工。

2）自动编程

自动编程是指用计算机编制数控加工程序的过程。

自动编程的优点是效率高、程序正确性好。自动编程由计算机代替人完成复杂的坐标计算和书写程序单的工作,它可以解决许多手工编程无法完成的复杂零件编程难题,但其缺点是必须具备自动编程系统或编程软件（CAD/CAM 软件）。自动编程较适合于形状复杂零件的加工程序编制,如模具加工、多轴联动加工等。

（3）手工编程的内容与步骤

手工编程步骤如图 1-4-1 所示,主要有以下几个方面的内容。

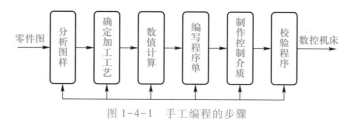

图 1-4-1　手工编程的步骤

1）分析图样

零件轮廓分析,零件尺寸精度、形位公差、表面粗糙度、技术要求的分析,零件材料、热处理等要求的分析。

2）确定加工工艺

选择加工方案,确定加工路线,选择定位与夹紧方式,选择刀具,选择各项切削参数,选择对刀点、换刀点等。

3）数值计算

选择编程坐标系原点,对零件轮廓上各基点或节点进行准确的数值计算,为编写加工程序单做好准备。

4）编写加工程序单

根据数控车床规定的指令及程序格式编写加工程序单。

5）制作控制介质

简单的数控加工程序可直接通过键盘进行手工输入。当需要自动输入加工程序时,必须预先制作控制介质。现在大多数程序采用软盘、移动存储器、硬盘作为存储介质,采用计算机传输进行自动输入。

6）校验程序

加工程序必须经过校验并确认无误后才能使用。校验程序一般采用车床空运行的方式进行,有图形显示功能的车床可直接在 CRT 显示屏上进行校验,另外还可采用计算机数控模拟等方式进行校验。

（4）数控车床的编程特点

根据数控车床的特点,数控车床的编程具有如下特点。

1）混合编程

在一个程序段中,根据图样上标注的尺寸,可以采用绝对或增量方式(相关内容后述)编程,也可采用两者混合编程。

2）径向尺寸以直径量表示

由于被车削零件的径向尺寸在图样标注和测量时均采用直径尺寸表示,所以在直径方向编程时,$X(U)$ 通常以直径量表示。如果要以半径量表示,则通常要用相关指令在程序中进行规定。

3）径向加工精度高

为提高工件的径向尺寸精度,X 向的脉冲当量(相对于每一脉冲信号的车床运动部件的位移量称为脉冲当量,它的大小视车床精度而定,值取得越小,加工精度越高)取 Z 向的 $1/2$。

4）固定循环简化编程

由于车削加工时常用棒料或锻料作为毛坯,加工余量较多,为了简化编程,数控系统采用了不同形式的固定循环,便于进行多次重复循环切削。

5）刀尖圆弧半径补偿

在数控编程时,常将车刀刀尖看作一个点,而实际的刀尖通常是一个半径不大的圆弧。为了提高工件的加工精度,在编制采用圆弧形车刀的加工程序时,常采用 G41 或 G42 指令来对车刀的刀尖圆弧半径进行补偿。

6）采用刀具位置补偿

数控车床的对刀操作及工件坐标系的设定通常采用刀具位置补偿的方法进行。

2. 数控加工程序及程序段

每种数控系统,根据系统本身的特点及编程的需要,都有一定的程序格式。对于不同的车床,其程序格式也不尽相同。因此,编程人员必须严格按照车床说明书的规定格式进行编程。

视频
数控加工
程序的组成

（1）程序的组成

一个完整的程序由程序号、程序内容和程序结束三部分组成,如下所示。

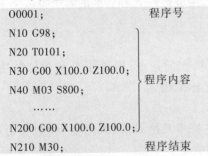

```
O0001;              程序号
N10 G98;
N20 T0101;
N30 G00 X100.0 Z100.0;    程序内容
N40 M03 S800;
    ……
N200 G00 X100.0 Z100.0;
N210 M30;           程序结束
```

1）程序号

每一个存储在系统存储器中的程序都需要指定一个程序号以相互区别,这种用于区别零件加工程序的代号称为程序号。同一车床中的程序号不能重复。

程序号写在程序的最前面,必须单独占一行。

FANUC 系统程序号的书写格式为 O××××,其中 O 为地址符,其后为 4 位数字,数值从 0001~9999,在书写时其数字前的零可以省略不写,如 O0020 可写成 O20。

2）程序内容

程序内容是整个加工程序的核心,它由许多程序段组成,每个程序段由一个或多个指令构成,它表示数控车床中除程序结束外的全部动作。

3）程序结束

结束部分由程序结束指令构成,它必须写在程序的最后。

可以作为程序结束标记的 M 指令有 M02 和 M30,它们代表零件加工程序的结束。为了保证最后程序段的正常执行,通常要求 M02/M30 单独占一行。

此外,子程序结束的结束标记因不同的系统而各异,如 FANUC 系统中用 M99 表示子程序结束后返回主程序。

（2）程序段格式

零件的加工程序是由许多程序段组成的,每个程序段由程序段号、若干数据字和程序段结束字符组成,每个数据字是控制系统的具体指令,它是由地址符、特殊文字和数字集合而成,代表车床的一个位置或一个动作。

程序段格式是指一个程序段中字、字符和数据的书写规则。目前国内外广泛采用字-地址可变程序段格式。

所谓字-地址可变程序段格式,就是在一个程序段内数据字的数目以及字的长度(位数)都是可以变化的格式。不需要的字以及与上一程序段相同的续效字可以不写。一般的书写顺序按下面所示从左往右进行书写,对其中不用的功能应省略。

N ___	G ___	X(U)___	Z(W)___	F ___	M ___	S ___	T ___;
程序段序号	准备功能	X轴移动指令	Z轴移动指令	进给功能	辅助功能	主轴功能	刀具功能

该格式的优点是程序简短、直观以及容易检验、修改。

例如:N20 G01 X25 Z-36 F100 S300 T02 M03;

程序段内各字的说明如下。

1）程序段序号（简称顺序号）

程序段序号是用以识别程序段的编号。用地址码 N 和后面的若干位数字来表示。如 N20 表示该语句的语句号为 20。

2）准备功能 G 指令

准备功能 G 指令是使数控车床做某种动作的指令,用地址 G 和两位数字组成,从 G00~G99 共 100 种。G 功能的代号已标准化。

3）坐标字

坐标字由坐标地址符(如 X、Y 等)、+、-符号及绝对值(或增量)的数值组成,且按一定的顺序进行排列。坐标字的"+"可省略。

坐标字的地址符含义见表 1-4-1。

表 1-4-1　坐标字的地址符含义

地址码	意义
X- Y- Z-	基本直线坐标轴尺寸
U- V- W-	第一组附加直线坐标轴尺寸

续表

地址码	意义
P- 　Q- 　R-	第二组附加直线坐标轴尺寸
A- 　B- 　C-	绕 X、Y、Z 旋转坐标轴尺寸
I- 　J- 　K-	圆弧圆心的坐标尺寸
D- 　E-	附加旋转坐标轴尺寸
R-	圆弧半径值

各坐标轴的地址符按下列顺序排列：

$$X、Y、Z、U、V、W、P、Q、R、A、B、C、D、E$$

4）主轴功能（S 功能）

主轴功能（S 功能）用来指定主轴的转速，由地址码 S 和在其后的若干位数字组成。有恒转速（r/min）和表面恒线速（mm/min）两种运转方式。如 S800 表示主轴转速为 800 r/min。对于有恒线速度控制功能的车床，还要用 G96 或 G97 指令配合 S 代码来指定主轴的速度。如 G96S200 表示切削速度为 200 mm/min，G96 为恒线速控制指令；G97S2000 表示注销 G96，主轴转速为 2 000 r/min。

5）进给功能（F 功能）

进给功能（F 功能）用来指定各运动坐标轴及其任意组合的进给量或螺纹导程。该指令是续效代码，后面跟的数字就是进给速度的大小。按数控车床的进给功能，也有两种速度表示法。一是以每分钟进给距离的形式指定刀具切削进给速度（每分钟进给量），用 F 字母和其后继的数值表示，单位为 mm/min，与 G98 指令配合使用，如 G98 F100 表示进给速度为 100 mm/min。对于回转轴如 F12 表示每分钟进给速度为 12°。二是以主轴每转进给量规定的速度（每转进给量），单位为 mm/r，与 G99 指令配合使用，如 G99 F0.15 表示进给速度为 0.15 mm/r。

6）刀具功能（T 功能）

刀具功能指令用来指定刀具号和补偿号，由 T 加 4 位数字组成，前两位表示刀具号，如图 1-4-2 所示，后两位表示补偿号，如图 1-4-3 所示。如：T0303 表示选择 3 号刀具和 3 号刀具长度补偿值及刀尖圆弧半径补偿值；T0300 表示选择 3 号刀具，取消刀具补偿。

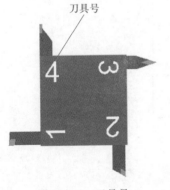

图 1-4-2　刀具号

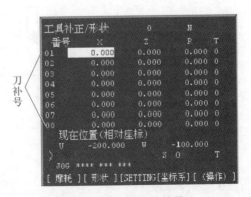

图 1-4-3　刀具补偿号

7）程序段结束

写在每个程序段之后，表示程序结束。当用 EIA 标准代码时，结束符为"CR"；用 ISO 标准代码时为"NL"或"LF"；有的用符号"；"或"，"表示。本书中一律以符号"；"表示程序段结束。

3.绝对编程与相对编程

（1）绝对编程

绝对编程是根据预先设定的编程原点计算出绝对值坐标尺寸进行编程的一种方法。即采用绝对编程时，首先要指出编程原点的位置，并用地址 X、Z 进行编程（X 为直径值）。如图 1-4-4 所示，刀具由 A 点移动到 B 点，用绝对坐标表示 B 点的坐标为（X30.0,Z70.0）。

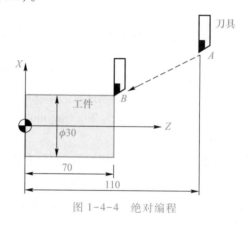

图 1-4-4 绝对编程

（2）相对编程

相对编程是根据与前一个位置的坐标值增量来表示位置的一种编程方法，即程序中的终点坐标是相对于起点坐标而言的。采用相对编程时，用地址 U、W 代替 X、Z 进行编程。U、W 的正负方向由行程方向确定，行程方向与车床坐标方向相同时为正，反之为负。如图 1-4-5 所示，刀具由 A 点移动到 B 点，用相对坐标表示 B 点的坐标为（U-30.0,W-40.0）。

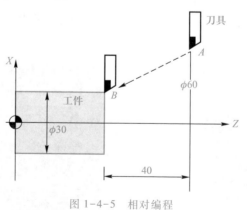

图 1-4-5 相对编程

（3）混合编程

绝对编程与相对编程混合起来进行编程的方法就是混合编程。

4. 直径编程与半径编程

当用直径值编程时,称为直径编程法。车床出厂时设定为直径编程,所以,在编制与 X 轴有关的各项尺寸时,一定要用直径值编程。用绝对坐标编程时,坐标值 X 取工件的直径;相对编程时,用径向实际位移量的 2 倍值表示,并附上方向符号。

用半径值编程时,称为半径编程法。如需用半径编程,则要改变系统中相关的参数。

5. 准备功能和辅助功能

数控车床的运动是由程序控制的,而准备功能和辅助功能是程序段的基本组成部分,也是程序编制过程中的核心问题。目前国际上广泛应用的是 ISO 标准,我国根据 ISO 标准,制定了《数控机床穿孔带程序段格式中的准备功能 G 和辅助功能 M 代码》(JB 3208—1983)。

（1）准备功能（G 功能）

准备功能是使车床做好某种操作准备,包括坐标轴的基本移动、平面选择、坐标设定、刀具补偿、固定循环、公英制转换等。准备功能指令用地址 G 加两位数字组成,简称 G 代码,ISO 标准中规定准备功能有 G00～G99 共 100 种。

G 代码分为模态代码和非模态代码两种,模态代码(续效代码)是指该 G 代码在一个程序段中一经指定就一直有效,直到后续的程序段中出现同组的 G 代码时才失效。非模态代码(非续效代码)是指只有在写有该代码的程序段中有效,下一程序段需要时必须重写。

常用的 G 代码见表 1-4-2。

表 1-4-2　常用 G 代码功能表

G 代码	组	功能	G 代码	组	功能
*G00	1	定位(快速移动)	G42		刀尖半径右补偿
G01		直线切削	G50	0	坐标系设定/最高主轴速度设定
G02		圆弧插补(CW,顺时针)			
G03		圆弧插补(CCW,逆时针)	*G54	14	选择工件坐标系 1
▲G04	0	暂停	G55		选择工件坐标系 2
G18	16	Z、X 平面选择	G56	14	选择工件坐标系 3
G20	8	英制输入	G57		选择工件坐标系 4
G21		公制输入	G58		选择工件坐标系 5
▲G27	0	参考点返回检查	G59		选择工件坐标系 6
▲G28		参考点返回	G70	0	精加工循环
▲G30		回到第二参考点	G71		内外圆粗车循环
G32	1	螺纹切削	G72		台阶粗车循环
*G40	7	刀尖半径补偿取消	G73		成形重复循环
G41		刀尖半径左补偿	G74		Z 向端面钻孔循环

续表

G 代码	组	功能	G 代码	组	功能
G75		X 向外圆/内孔切槽循环	G96	2	恒线速度控制
G76		螺纹切削复合循环	＊G97		恒线速度控制取消
G90	1	内外圆固定切削循环	G98	5	每分钟进给
G92		螺纹固定切削循环	＊G99		每转进给
G94		端面固定切削循环			

注:"＊"表示开机默认代码;"▲"表示非模态代码。

（2）辅助功能（M 功能）

辅助功能是用来控制车床或系统开关功能的一种命令,由地址码 M 加两位数字组成。辅助功能包括程序的停止或暂停、主轴的正反转或停转、冷却液的开关、换刀等。常见的辅助功能指令见表 1-4-3。

表 1-4-3　常见的辅助功能指令表

代码	功能	代码	功能
M00	程序停止	M11	液压卡盘卡紧
M01	选择性程序停止	M30	程序结束复位
M02	程序结束	M40	主轴空挡
M03	主轴正转	M41	主轴 1 挡
M04	主轴反转	M42	主轴 2 挡
M05	主轴停	M43	主轴 3 挡
M08	切削液启动	M44	主轴 4 挡
M09	切削液停	M98	子程序调用
M10	液压卡盘放松	M99	子程序结束

6. 常用基本指令

（1）工件坐标系设定

1）设定工件坐标系指令 G50

① 指令格式:

G50X_Z_;

X_Z_为刀尖起始点距工件原点在 X、Z 方向的距离。

② 说明:执行 G50 指令只建立工件坐标系,刀具并不产生运动,且刀具必须放在程序要求的位置;该坐标系在车床重开机时消失,是临时的坐标系。

③ 如图 1-4-6 所示,选左端面为工件原点:G50 X150.0 Z100.0;选右端面为工件原点:G50 X150.0 Z20.0。

2）工件坐标系选择指令 G54~G59

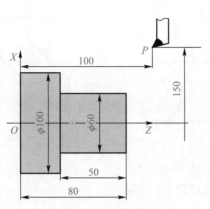

图 1-4-6　刀具补偿参数的输入

① 指令格式：

G54(G55~G59)

通过使用 G54~G59 命令,最多可设置 6 个工件坐标系(1~6)。

② 说明:使用该组指令时,必须先用 MDI 方式输入各坐系的坐标原点在车床坐标系中的坐标值;其存放的是当前工件坐标系与车床坐标系之间的差值,与刀具所停位置无关,如图 1-4-7 所示;工件坐标系一旦选定,就确定了工件坐标系在车床坐标系的位置,后续程序中均以此坐标系为基准;坐标系存储在车床中,故重新开机仍存在,但须先返回参考点。在接通电源和完成了原点返回后,系统自动选择工件坐标系 1(G54);为模态指令,可相互注销。

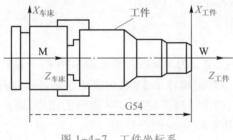

图 1-4-7　工件坐标系

(2) 切削用量的单位设置

1) 单位设置指令 G20/G21

① 指令格式：

G20(英制尺寸,单位为英寸)

G21(公制尺寸,单位为毫米)

② 说明:G20 和 G21 为模态指令,二者可相互注销,默认状态为公制 G21。公制和英制的换算关系为 1 in(英寸)= 25.4 mm(毫米)。

2) 进给量单位设置指令 G98/G99

切削进给速度 f 的单位用 G98 指令设置时,则表示刀具每分钟移动的距离,单位为 mm/min(毫米/分钟),如图 1-4-8 所示。用 G99 指令设置时,则表示车床每转一转刀具移动的距离,单位为 mm/r(毫米/转),如图 1-4-9 所示。

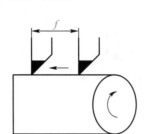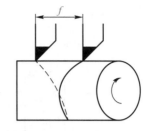

图 1-4-8 G98(单位:mm/min)　　　图 1-4-9 G99(单位:mm/r)

3)主轴设置指令 G96、G97、G50

① 直接设定主轴转速指令(G97)

指令格式:

(G97)S_____;

G97 指令用于直接给主轴设定转速,转速 S 的单位为 r/min,如 G97 S800,则表示主轴转速为 800 r/min。

② 设定主轴线速度恒定指令(G96)

指令格式:

(G96)S _____;

数控车床主轴分成低速和高速区,在每一个区内的速度可以自由改变。若零件要求锥面或端面的粗糙度一致,则必须要求切削速度保持常值。G96 指令用来给主轴设定恒线速度切削,S 的单位为 mm/min,如 G96 S120,则表示主轴速度为 120 mm/min。

③ 限制主轴最高转速指令(G50)

指令格式:

(G50)S _____;

S 为主轴最高转速,单位为 r/min。当使用 G96 指令进行恒线速度切削时,由于工件直径的变化会导致主轴转速变化,为避免主轴转速过高,使用 G50 指令给车床主轴设置最高转速,当主轴转速超过 G50 指定的速度,则被限制在最高速度而不再升高。G50 指令常和 G96 指令配合使用。

(3)暂停指令 G04

1)利用暂停指令,可以推迟下个程序段的执行,推迟时间为指令的时间,主要用于切槽、台阶端面等需要刀具在加工表面作短暂停留的场合。

指令格式:

G04X__;(X 的数值为小数形式,单位为 s)

G04P__;(P 的数值为整数形式,单位为 ms)

2)例:G04X1.0;(暂停 1 s)

G04P1000;(暂停 1 s)

(4)刀尖圆弧半径补偿指令 G40/G41/G42

编程时,通常都将车刀刀尖作为一点来考虑,但实际上刀尖处存在圆角,如图 1-4-10 所示。当用按理论刀尖点编出的程序进行端面、外径、内径等与轴线平行或垂直的表面加工时,是不会产生误差的。但在进行倒角、锥面及圆弧切削时,则

刀具半径补偿指令 G41、G42、G40 的应用

会产生少切或过切现象。具有刀尖圆弧半径自动补偿功能的数控系统能根据刀尖圆弧半径计算出补偿量,避免少切或过切现象的产生。

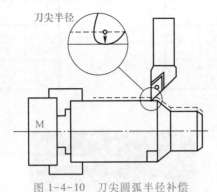

图 1-4-10 刀尖圆弧半径补偿

1）指令格式:

G40 G01（G00）X__ Z__;

G41 G01（G00）X__ Z__;

G42 G01（G00）X__ Z__;

G40——取消刀尖圆弧半径补偿。

G41——刀尖圆弧半径左补偿。

G42——刀尖圆弧半径右补偿。

X、Z——建立或取消刀具半径补偿程序段中,刀具移动的终点坐标。

2）补偿方向

沿着刀具切削运动的方向看,刀具在工件的左面则为左补偿,用 G41 表示;刀具在工件的右面则为右补偿,用 G42 表示。由于刀架的位置不同会导致车床坐标系不同,因此补偿方向也有所不同,判断方法如图 1-4-11 所示。

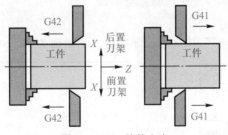

图 1-4-11 补偿方向

3）刀尖方位号

为使系统能正确计算出刀具中心的实际运动轨迹,除要给出刀尖圆弧半径 R 以外,还要给出刀具的理想刀尖位置号 T。刀架位置不同,各种刀具的理想刀尖位置号不同,前置刀架车床刀尖方位号如图 1-4-12 所示,后置刀架车床刀尖方位号如图 1-4-13 所示。

4）补偿参数的输入

在刀具偏置表中,将刀具的刀尖圆弧半径输入到"R"地址中,刀尖方位号输入到"T"地址中,如图 1-4-14 所示。

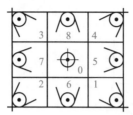

图 1-4-12 前置刀架车床刀尖方位号

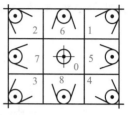

图 1-4-13 后置刀架车床刀尖方位号

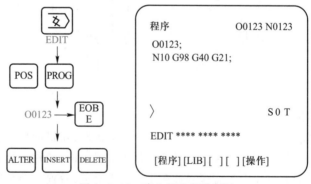

图 1-4-14 刀具补偿参数的输入

5)注意事项

G40/G41/G42 指令只能和 G00/G01 结合编程,不允许同 G02/G03 等其他指令结合编程;在编入 G40/G41/G42 的 G00 与 G01 前后两个程序段中 X、Z 至少有一值变化;在调用新刀具前必须用 G40 取消补偿;在使用 G40 前,刀具必须已经离开工件加工表面。

三、任务实施

1. 程序、程序段和程序字的输入与编辑

(1)新建程序

建立一个新程序流程,建立新程序后的显示画面如图 1-4-15 所示。

图 1-4-15 建立新程序流程图

① 模式按钮选择"EDIT"。

② 按 MDI 功能键 PROG。

③　输入地址 O，输入程序号（如 O123，数字前的"O"可省略），按 $\boxed{\text{INSERT}}$ 键。

④　按 $\boxed{\text{EOB}}$ 键，再次按 $\boxed{\text{INSERT}}$ 键即可完成新程序"O123；"的插入。

（2）调用内存中储存的程序

①　模式按钮选择"EDIT"。

②　按 MDI 功能键 $\boxed{\text{PROG}}$，输入地址 O，输入要调用的程序号，如 O123。

③　按下光标向下移动键（见图 1-4-16）即可完成程序"O123"的调用。

（3）删除程序

①　模式按钮选择"EDIT"。

②　按 MDI 功能键 $\boxed{\text{PROG}}$，输入地址 O，输入要删除的程序号，如 O123。

图 1-4-16　光标移动键

③　按 $\boxed{\text{DELETE}}$ 键即可完成单个程序"O123"的删除。

④　此时在屏幕左下角提示"是否真的要删除程序 O123？"。

⑤　按屏幕下方的软键 $\boxed{\text{EXEC}}$，即可删除程序"O123"。

如果要删除内存储器中的所有程序，只要在输入"O-9999"后按 $\boxed{\text{DELETE}}$ 键，然后再按软键 $\boxed{\text{EXEC}}$，即可删除内存储器中所有程序。

如果要删除指定范围内的程序，只要在输入"OXXXX，OYYYY"后按 $\boxed{\text{DELETE}}$ 键，然后再按软键 $\boxed{\text{EXEC}}$，即可将内存储器中"OXXXX~OYYYY"范围内的所有程序删除。

（4）删除程序段

①　模式按钮选择"EDIT"。

②　用光标移动键（见图 1-4-16）检索或扫描到将要删除的程序段地址 N，按 $\boxed{\text{EOB}}$ 键。

③　按 $\boxed{\text{DELETE}}$ 键，将当前光标所在的程序段删除。

如果要删除多个程序段，则用光标移动键检索或扫描到将要删除的程序段开始地址 N（如 N0010），键入地址 N 和最后一个程序段号（如 N1000），按 $\boxed{\text{DELETE}}$ 键，即可将 N0010~N1000 的所有程序段删除。

（5）程序段检索

程序段的检索功能主要使用在自动运行过程中。检索过程如下。

①　按模式选择"AUTO"键。

②　按 MDI 功能键 $\boxed{\text{PROG}}$，显示程序屏幕，输入地址 N 及要检索的程序段号，按屏幕软键 [N SRH] 即可检索到所要检索的程序段。

（6）程序字操作

①　扫描程序字。模式按钮选择"EDIT"，按光标向左或向右移键，光标将在屏

幕上向左或向右移动一个地址字。按光标向上或向下移动键,光标将移动到上一个或下一个程序段的开头。按 PAGE UP 键或 PAGE DOWN 键,光标将向前或向后翻页显示。

②跳到程序开头。在 EDIT 模式下,按 RESET 键即可使光标跳到程序头。

③插入一个程序字。在"EDIT"模式下,扫描要插入位置前的字,键入要插入的地址字和数据,按 INSERT 键。

④字的替换。在"EDIT"模式下,扫描到将要替换的字,键入要替换的地址字和数据,按 ALTER 键。

⑤字的删除。在"EDIT"模式下,扫描到将要删除的字,按 DELETE 键。

⑥输入过程中字的取消。在程序字符的输入过程中,如发现当前字符输入错误,按一次 CAN 键,则删除一个当前输入的字符。

2. 输入本任务程序

程序的输入过程如下。

模式按钮选"EDIT",按 PROG ,将程序保护置在"OFF"位置。

O0010 按 INSERT 键。

按 EOB　 INSERT 键。

G94 G40 G18 按 EOB　 INSERT 键。

T0101 按 EOB　 INSERT 键。

G00 X100.0 Z100.0 按 EOB　 INSERT 键。

M03 M04 S600 M08 按 EOB　 INSERT 键。

……

X100.0 Z100.0 M09 按 EOB　 INSERT 键。

M30 按 EOB　 INSERT 键。

按 RESET 键。

输入后,发现第二行中 G94 应改成 G98,且少输入了 G21,第六行中多输入了 M04,做如下修改。

将光标移动到 G94 上,输入 G98,按 ALTER 键。

将光标移动到 G18 上,输入 G21,按 INSERT 键。

将光标移动到 M04 上,按 DELETE 键。

3. 数控程序的校验

在车床校验过程中,采用单步运行模式而非自动运行较为合适。

(1) 车床锁住校验

车床锁住校验流程及运行检视画面如图 1-4-17 所示,操作步骤如下。

① 按 PROG 键,调用刚才输入的程序 O0010。

② 按模式选择键"AUTO",按车床锁住键"MC LOCK"。

③ 按[检视]软键,使屏幕显示正在执行的程序及坐标。

④ 按单步运行键"SINGLE BLOCK"。

⑤ 按循环启动键"CYCLE START"进行机床锁住检查。

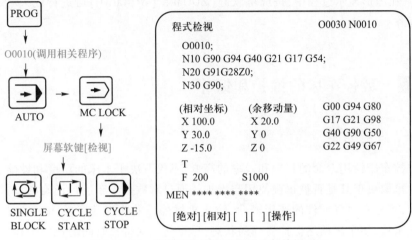

图 1-4-17　车床锁住校验流程及运行检视画面

（2）车床空运行校验

车床空运行校验的操作流程与车床锁住校验流程相似,不同之处在于将流程中按"MC LOCK"键换成"DRY RUN"键。

（3）采用图形显示功能校验

图形功能可以显示自动运行期间的刀具移动轨迹,操作者可通过观察屏幕显示出的轨迹来检查加工过程,显示的图形可以进行放大及复原。图形显示功能可在自动运行、车床锁住和空运行等模式下使用,其操作过程如下。

① 选择模式按钮"AUTO"。

② 在 MDI 面板上按 CUSTOM GRAPH 键,按屏幕显示软键[G.PRM],显示如图 1-4-18 所示画面。

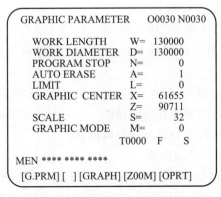

图 1-4-18　图形显示参数设置画面

③ 通过光标移动键将光标移动至所需设定的参数处,输入数据后按 $\boxed{\text{INPUT}}$ 键,依次完成各项参数的设定。

④ 再次按屏幕显示软键[GRAPH]。

⑤ 按循环启动按钮"CYCLE START",车床开始移动,并在屏幕上绘出刀具的运动轨迹。

⑥ 在图形显示过程中,按屏幕软健[ZOOM]/[NORMAL]可进行放大/恢复图形的操作。

任务5　数控车床的维护和保养

一、任务描述

数控车床使用寿命的长短和效率的高低,不仅取决于车床的精度和性能,很大程度上也取决于其是否被正确使用与维护。通过对数控车床进行正确的日常维护与保养,可延长电气元件的使用寿命,防止机械部件的非正常磨损,避免发生意外的恶性事故,使车床始终保持良好的状态,尽可能地保持长时间的稳定工作。本任务是做一些数控车床的日常维护工作。

二、相关理论

1. 数控车床安全操作规程

为了正确合理地使用数控车床,保证其正常运转,必须制定比较完善的数控车床安全操作规程,通常包括以下内容。

① 检查电压、气压、油压是否正常(有手动润滑的部位先要进行手动润滑)。

② 车床通电后,检查各开关、旋钮、按键是否正常、灵活,车床有无异常现象。

③ 检查各坐标轴是否回参考点,限位开关是否可靠;若某轴在回参考点前已在参考点位置,应先将该轴沿负方向移动一段距离后,再手动回参考点。

④ 车床开机后应空运转 5 min 以上,使其达到热平衡状态。

⑤ 装夹工件时应定位可靠、夹紧牢固。检查所有螺钉、压板是否妨碍刀具运动,以及零件毛坯尺寸是否有误。

⑥ 数控刀具应选择正确、夹紧牢固。

⑦ 首件加工应采用单段程序切削,并随时注意调节进给倍率以控制进给速度。

⑧ 试切削和加工过程中,刃磨刀具、更换刀具后,一定要重新对刀。

⑨ 加工结束后应清扫车床并加防锈油。

⑩ 停机时应将各坐标轴停在正向极限位置。

2. 数控车床的日常维护与保养

① 保持良好的润滑状态,定期检查、清洗自动润滑系统,增加或更换润滑脂、油液,使丝杠、导轨等各运动部位始终保持良好的润滑状态,以降低机械磨损。

② 进行机械精度的检查调制,以减少各运动部件的形位误差。

③ 经常清扫。周围环境对数控车床影响较大,例如,粉尘会被电路板上静电吸引,使电路板产生短路现象;油、气、水过滤器、过滤网太脏,会发生压力不够、流量不够、散热不好的情况,造成机、电、液部分的故障。

数控车床日常维护与保养内容见表1-5-1。

表 1-5-1 数控车床日常维护与保养内容

序号	检查周期	检查部位	检查内容
1	每天	导轨润滑机构	油标、润滑泵,每天使用前手动打油润滑导轨
2	每天	导轨	清理切屑及脏物,滑动导轨检查有无划痕,滚动导轨检查其润滑情况
3	每天	液压系统	油箱泵有无异常噪声,工作油面高度是否合适,压力表指示是否正常,有无泄漏
4	每天	主轴润滑油箱	油量、油质、温度、有无泄漏
5	每天	液压平衡系统	工作是否正常
6	每天	气源、自动分水过滤器、自动干燥器	及时清理分水器中过滤出的水分,检查压力
7	每天	电气箱散热、通风装置	冷却风扇工作是否正常,过滤器有无堵塞,及时清洗过滤器
8	每天	各种防护罩	有无松动、漏水,特别是导轨防护装置
9	每天	机床液压系统	液压泵有无噪声,压力表接头有无松动,油面是否正常
10	每周	空气过滤器	坚持每周清洗一次,保持无尘、通畅,发现损坏及时更换
11	每周	各电气箱过滤网	清洗粘附的尘土
12	半年	滚珠丝杠	洗丝杠上的旧润滑脂,换新润滑脂
13	半年	液压油路	清洗各类阀、过滤器,清洗油箱底,换油
14	半年	主轴润滑箱	清洗过滤器、油箱,更换润滑油
15	半年	各轴导轨上镶条,压紧滚轮	按说明书要求调整松紧状态
16	一年	检查和更换电机碳刷	检查换向器表面,去除毛刺,吹净碳粉,磨损过多的碳刷及时更换
17	一年	冷却油泵过滤器	清洗冷却油池,更换过滤器
18	不定期	主轴电动机冷却风扇	除尘,清理异物
19	不定期	运屑器	清理切屑,检查是否卡住

续表

序号	检查周期	检查部位	检查内容
20	不定期	电源	供电网络大修、停电后检查电源的相序及电压
21	不定期	电动机传动带	调整传动带松紧
22	不定期	刀库	刀库定位情况,机械手相对主轴的位置
23	不定期	冷却液箱	随时检查液面高度,及时添加冷却液,太脏应及时更换

项目二
圆柱面加工

任务 1　外圆柱面加工

一、任务描述

本任务加工零件如图 2-1-1 所示。

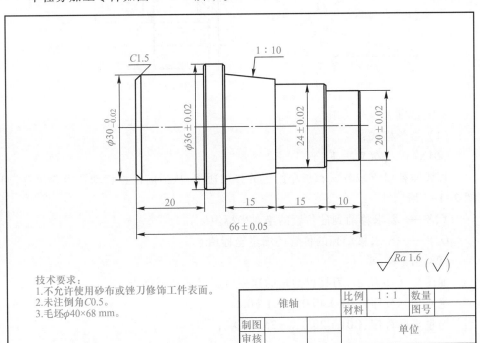

技术要求:
1. 不允许使用砂布或锉刀修饰工件表面。
2. 未注倒角C0.5。
3. 毛坯φ40×68 mm。

锥轴		比例	1 : 1	数量	
		材料		图号	
制图			单位		
审核					

图 2-1-1　任务 1 零件图

视频

G00、G01 指令的应用及简单外圆的编程

二、相关理论

1. 快速定位指令 G00

(1)指令格式:

G00 X(U)_Z(W)_;

这个指令把刀具从当前位置移动到指令指定的位置(在绝对坐标方式下),或

动画

G00

者移动到某个距离处（在增量坐标方式下），如图 2-1-2 所示。

X、Z——要求移动到的位置的绝对坐标值。

U、W——要求移动到的位置的增量坐标值。

（2）非直线切削形式的定位

刀具以每一个轴的快速移动速率定位，其路径通常不是直线。

（3）直线定位

刀具路径类似直线切削（G01）那样，以最短的时间（不超过每一个轴快速移动速率）定位于要求的位置。

（4）指令举例

G00 指令举例如图 2-1-3 所示。

G00 X40.0 Z56.0;（绝对坐标编程）或 G00 X-60.0 Z-30.5;（绝对坐标编程）。

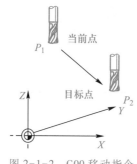

图 2-1-2　G00 移动指令

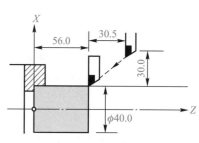

图 2-1-3　G00 指令举例

2. 直线插补指令 G01

动画

G01

（1）指令格式：

G01X（U）_Z（W）_F_;

直线插补以直线方式和指令给定的移动速率，从当前位置移动到指令位置，如图 2-1-4 所示。

X、Z——要求移动到的位置的绝对坐标值。

U、W——要求移动到的位置的增量坐标值。

（2）指令举例

如图 2-1-5 所示，刀具以给定的速率由起点移动至终点。

绝对坐标程序：G01 X40.0 Z20.1 F0.2;

增量坐标程序：G01 U20.0 W-25.9 F0.2;

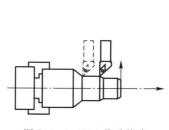

图 2-1-4　G01 移动指令

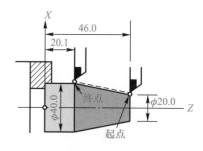

图 2-1-5　G01 指令举例

3. 外圆车削循环 G90

（1）指令格式：

G90 X(U)_Z(W)_ R_F_；

X、*Z*——要求移动到的位置的绝对坐标值。

U、*W*——要求移动到的位置的增量坐标值。

R——为圆锥体起始端与终止端 *X* 方向的半径差值。

切削圆锥面时必须指定 *R* 值，*R* 值为切削的起点相对于终点的半径差。当 *R* 为零时，如图 2-1-6（a）所示，刀尖从起始点 *A* 开始，按矩形循环，最后又回到起始点。图中虚线表示刀具快速移动，实线表示按 F 指令的工进速度移动。

如果切削起点的 *X* 向坐标小于终点的 *X* 向坐标，如图 2-1-6（b）所示，则 *R* 值为负，反之为正。

视频

内外圆车削固定循环指令 G90

动画

G90

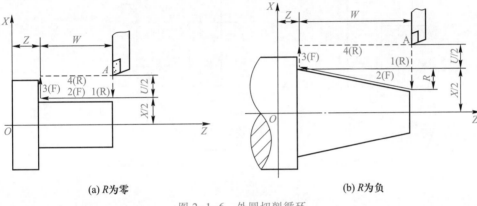

（a）*R*为零　　　　（b）*R*为负

图 2-1-6　外圆切削循环

（2）指令举例

指令举例如图 2-1-7 所示。

参考程序如下：

```
O0001;
G99 T0101;
M03   S400;
G00   X32.0  Z2.0;
G90   X29.0  Z-35.0  F0.1;
G90   X27.0  Z-35.0  F0.1;
G90   X26.0  Z-15.0  F0.1;
G90   X25.0  Z-15.0  F0.1;
G00   X100.0;
Z100.0;
M05;
M30;
```

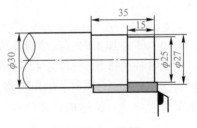

图 2-1-7　举例

（3）应用技巧

1）运用 G90 进行编程时，循环起点的确定是根据毛坯定义。

2）G90 指令中的"X"与"Z"表示圆柱面终点坐标值。

3）G90 指令执行完毕后刀具返回循环起点。

4. 锥台阶切削循环指令 G94

指令格式：直端面 G94 X(U)_Z(W)_F_;

锥端面 G94 X(U)_Z(W)_R_F_;

X、Z——切削终点坐标值。

U、W——切削终点相对于循环起点的坐标。

R——端面切削的起点相对于终点在 Z 轴方向的坐标分量。当起点 Z 向坐标小于终点 Z 向坐标时 R 为负，反之为正。

G94 指令用于直端面、锥台阶的切削循环，走刀路线如图 2-1-8 所示。

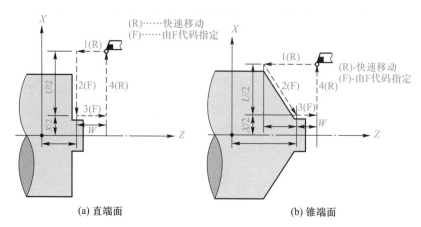

图 2-1-8　G94 指令走刀路线

三、任务实施

1. 工艺分析

（1）零件加工内容及结构分析

该零件为锥轴，材料为 45 号钢，毛坯直径一般可选择比 ϕ45 mm 大 2~5 mm 的棒料，如 ϕ50 mm，坯料长度可选择大于零件长度 3~5 mm，70 mm 即可。生产类型为单件生产，形状、结构比较简单，主要加工内容为 1∶10 的圆锥面、ϕ36 mm、ϕ24 mm、ϕ20 mm、ϕ30 mm 圆柱面。

（2）精度分析

1）尺寸精度分析：该零件对 ϕ36 mm、ϕ24 mm、ϕ20 mm、ϕ30 mm 外圆直径、长度尺寸 66 mm 的线性尺寸精度要求较高，尺寸公差为 0.02 mm、0.1 mm，加工时应注意其精度控制。其他尺寸没有具体的精度要求，加工时只需要满足图中基本尺寸要求即可。

2）形位公差分析：该零件无具体形位公差要求，工艺安排较简单，加工、测量时无需考虑特殊要求，满足零件的一般使用性能即可。

3）表面粗糙度分析：该零件的表面粗糙度要求较高，为 Ra1.6。

（3）零件装夹分析

该零件因无形位公差要求，故零件装夹较为简单，以工件 ϕ30 mm 毛坯圆柱面左端为装夹面,采用三爪自定心卡盘进行装夹,工件(毛坯)露出卡盘端面应大于零件最终长度 5~10 mm,卡盘夹持部分长度以不小于 20 mm 为宜,待零件 ϕ24 mm、ϕ20 mm、1:10 的圆锥面加工完成后掉头,装夹 ϕ24 mm 外圆加工工件左端即可。

(4) 工件坐标系分析

因该零件属于典型的数控车床加工轴类零件,故其工件坐标系按照常规方式设置即可,即工件坐标系的原点设置在工件右端面与工件轴线的交点处。

(5) 加工顺序及进给路线分析

根据车削加工的特点,该零件加工顺序按由粗到精、由近到远(由右到左)的原则进行,即先从右向左进行粗车(留出精加工余量),然后从右向左进行精车,直至加工合格。精加工走刀路线如图 2-1-9 所示。

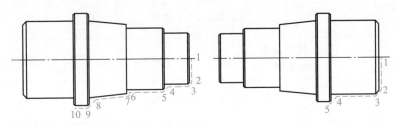

图 2-1-9　精加工走刀路线

(6) 加工刀具分析

粗、精车均可选用 $K_r = 95°$ 硬质合金右偏刀加工外轮廓。由于该零件为阶梯轴,为防止副后刀面与工件轮廓干涉,副偏角不宜太小,可取 $K_r' = 30°$。

(7) 切削用量选择

1) 切削深度选择。轮廓粗车 $a_p = 1~2$ mm,精车 $a_p = 0.5$ mm。

2) 主轴转速选择。车外圆时,主轴转速:粗车转速为 500 r/min,精车转速为 800 r/min。

3) 进给量选择。根据加工实际情况,确定粗车进给量为 0.2 mm/r,精车为 0.1 mm/r。

(8) 建议采取工艺措施

由于该零件表面粗糙度要求有高有低,故建议采取粗、精加工分开的方式进行加工。粗加工完成后,留较小的精加工余量,精加工时通过调整刀具切削用量三要素来保证整个零件的加工质量。

数控加工刀具卡片及工艺卡片见表 2-1-1 及表 2-1-2。

表 2-1-1　数控加工刀具卡片

零件名称			锥轴	零件图号		
刀具号	刀具名称	刀具规格	加工内容	刀尖半径	刀尖方位号	备注
T01	外圆车刀	$K_r = 95°$	粗加工外轮廓	$R0.8$	3	

表 2-1-2　数控加工工艺卡片

零件名称	锥轴	零件图号			使用设备	FANUC 0i	夹具名称	三爪自定心卡盘
工序号	名称	工步号	工步内容	刀具号	主轴转速 $n/(\text{r} \cdot \text{min}^{-1})$	进给速度 $f/(\text{mm} \cdot \text{r}^{-1})$	切削深度 a_p/mm	备注
1	下料	$\phi 50\text{ mm} \times 70\text{ mm}$（45 号钢）						
2	数控车床	1	粗车端面、右端外轮廓	T01	500	0.3	1~2	
		2	精车端面、右端外轮廓	T01	800	0.1	0.5	
		3	掉头，车端面，保证总长	T01	500	0.05		
		4	粗车端面、左端外轮廓	T01	500	0.3	1~2	
		5	精车端面、左端外轮廓	T01	800	0.1	0.5	

2. 程序编制

任务参考程序单见表 2-1-3。

表 2-1-3　任务参考程序单

零件名称	锥轴	程序说明
程序段号	FANUC 0i 系统程序	
	O0001;	粗车右端
N10	G99 M03 S500 T0101	选择进给量，刀具号
N20	G00 X42.0 Z2.0	粗车定刀点
N30	G90 X38.0 Z-46.0 F0.3	
N40	G90 X36.5 Z-46.0 F0.3	
N50	G90 X34.0 Z-40.0 F0.3	
N60	G90 X32.0 Z-40.0 F0.3	
N70	G90 X30.5 Z-40.0 F0.3	
N80	G90 X28.5 Z-32.5 F0.3	
N90	G90 X27.5 Z-25.0 F0.3	粗车
N100	G90 X25.0 Z-25.0 F0.3	
N110	G90 X24.5 Z-25.0 F0.3	
N120	G90 X22.5 Z-10.0 F0.3	
N130	G90 X20.5 Z-10.0 F0.3	

零件名称	锥轴	程序说明
程序段号	FANUC 0i 系统程序	
N140	G01X42.0	粗车退刀
N150	G00Z100.0	
N160	G99 M03 S800 F0.1 T0101	选择进给量,刀具号
N170	G00 X22.0 Z2.0	定刀点
N180	G01X19.0	精车轮廓
N190	X20.0 Z−0.5	
N200	Z−10.0	
N210	X23.0	
N220	X24.0 Z−11.0	
N230	Z−25.0	
N240	X27.0	
N250	X30.0 Z−40.0	
N260	X35.0	
N270	X36.0 Z−40.5	
N280	Z−46.0	
N129	G01 X100.0	退刀
N300	G00 Z100.0	
N310	M30	程序结束
		粗、精车左端
N320	G99 M03 S500 T0101	选择进给量,刀具号
N330	G00 X42.0 Z2.0	定刀点
N340	G90 X38.0 Z−20.0 F0.3	粗车循环
N350	G90 X36.0 Z−20.0 F0.3	
N360	G90 X34.0 Z−20.0 F0.3	
N370	G90 X32.0 Z−20.0 F0.3	
N380	G90 X30.5 Z−20.0 F0.3	
N390	G01 X42.0	退刀
N400	G00 Z100.0	
N410	G99 M03 S800 T0101	选择进给量,刀具号

续表

零件名称	锥轴	程序说明
程序段号	FANUC 0i 系统程序	
N420	G00 X32.0 Z2.0	精车轮廓
N430	G01 X27.0 Z−1.5	
N440	G01 Z−20.0	
N450	X35.0	
N460	X36.0 Z−20.5	
N470	X40.0	
N480	G00 Z100	退刀
N490	M30	程序结束

3. 仿真加工

（1）选择车床

单击菜单"机床/选择机床"，选择控制系统"FANUC 0i"和"车床"，车床类型选择"标准（平床身前置刀架）"，单击"确定"按钮。

（2）启动车床

（3）回参考点

（4）程序输入

通过数控仿真软件的数控程序管理和数控程序编辑两个方面的学习，让我们可以创建、修改、删除、保存数控程序，以便实现零件的仿真加工。

1）显示数控程序目录

① 打开车床面板，按 ◇ 键，进入编辑状态。

② 按 MDI 键盘上 PROG 键，进入程序编辑状态。

③ 再按软键［LIB］，经过 DNC 传送的全部数控程序名显示在 LCD 界面上。

2）选择一个数控程序

① 单击车床面板 EDIT ◇ 键或 MEM → 键。

② 在 MDI 面板输入域键入文件名 O××。

③ 按 MDI 键盘 → 键，即可从程序［LIB］中打开一个新的数控程序。

④ 打开后，"O××××"将显示在屏幕中央上方，右上角显示第 1 程序号位置，如果是 PROG 状态，NC 程序将显示在屏幕上。

3）删除一个数控程序

① 打开车床面板，按 ◇ 键，进入编辑状态。

② 在 MDI 键盘上按 PROG 键，进入程序编辑画面。

③ 将显示光标停在当前文件名上，按 DELETE 键，该程序即被删除。

④ 或者在 MDI 键盘上按 O_P 键，键入字母"O"，再按数字键，键入要删除的程序号码：××××。

⑤ 按 DELETE 键，选中程序即被删除。

4）新建一个 NC 程序

① 打开车床面板，按 ◇ 键，进入编辑状态。

② 按 MDI 键盘上 PROG 键，进入程序编辑状态。

③ 在 MDI 键盘上按 O_P 键，键入字母"O"，再按要创建的程序名数字键，但不可以与已有程序号的重复。

④ 按 INSERT 键，新的程序文件名被创建，此时在输入域中，可开始程序输入。

⑤ 在 FANUC 0i 系统中，每输入一个程序段（包括结束符 EOB_E），按一次 INSERT 键，输入域中的内容将显示在 LCD 界面上，也可一个代码一个代码地输入。

注：MDI 键盘上的字母、数字键，配合 Shift 键，可输入右下角第二功能字符。另外，MDI 键盘的 INSERT 插入键，被插入字符将输入在光标字符后。

5）删除全部数控程序

① 打开车床面板，按 ◇ 键，进入编辑状态。

② 在 MDI 键盘上按 PROG 键，进入程序编辑画面。

③ 按 O_P 键，键入字母"O"；按 + 键，输入"—"；按 9_C 键，输入"9999"；按 DELETE 键即可删除。

6）程序修改

① 选择一个程序打开，按 ◇ 、PROG 键，进入程序编辑状态，如图 2-1-10 所示。

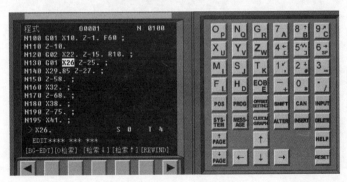

图 2-1-10　程序编辑

② 移动光标。按 MDI 面板的 PAGE↑ 键、或 PAGE↓ 键翻页，按 ← ↓ → ↑ 键，

移动光标。

③ 插入字符。先将光标移到所需位置,按 MDI 键盘上的数字/字母键,将代码输入到输入域中,按 ***INSERT*** 插入键,把输入域的内容插入到光标所在代码后面。

④ 删除输入域中的数据。按 ***CAN*** 键用于删除输入域中的数据,如图 2-1-10 所示输入域中,若按 ***CAN*** 键,则变为"X26"。

⑤ 删除字符。先将光标移到所需删除字符的位置,按 ***DELETE*** 键,删除光标所在的代码。

⑥ 查找。输入需要搜索的字母或代码(代码可以是:一个字母或一个完整的代码。例如:"N0010""M"等。),按光标 ***↓*** ***→*** 键,开始在当前数控程序中光标所在位置后搜索。如果此数控程序中有所搜索的代码,则光标停留在找到的代码处;如果此数控程序中光标所在位置后没有所搜索的代码,则光标停留在原处。

⑦ 替换。先将光标移到所需替换字符的位置,将替换成的字符通过 MDI 键盘输入到输入域中,按 ***ALTER*** 键,把输入域的内容替代光标所在的代码,如图 2-1-10 所示,按一下 ***ALTER*** 键,则将 N130 中的 X26 替换为 X26.。

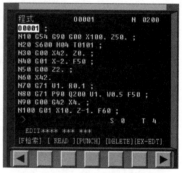

图 2-1-11　程序保存画面

7)保存程序

编辑修改好的程序需要进行保存操作。在程序编辑状态下,单击[(操作)]软键,切换到图 2-1-10 所示状态,单击软键 ***▶***,进入打开、保存画面,如图 2-1-11 所示。

单击[PUNCH],弹出"另存为"对话框,如图 2-1-12 所示。在弹出的对话框中输入文件名,选择文件类型和保存路径,单击"保存"按钮执行或单击"取消"按钮取消保存操作。

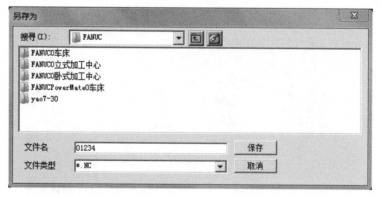

图 2-1-12　"另存为"对话框

(5) 定义毛坯及装夹

(6) 刀具的选择及安装

安装车刀的步骤及方法如下。

1）在"选择刀位"里单击所需的刀位。在这里选择 1 种刀具:外圆刀具 T1。

2）选择刀片类型:外圆刀具 T1 选择刀片 ▲ 。

3）选择刀柄类型。

4）确认操作完成,单击"确定"按钮。

（7）对刀操作

1）对刀操作

对刀的目的是确定程序原点在车床坐标系中的位置。对刀点可以设在零件上、夹具上或车床上,对刀时应使对刀点与刀位点重合。数控车床常用的对刀方法有三种:试切对刀、机械对刀仪对刀(接触式)、光学对刀仪对刀(非接触式),如图 2-1-13所示。

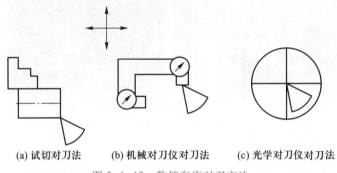

(a) 试切对刀法   (b) 机械对刀仪对刀法   (c) 光学对刀仪对刀法

图 2-1-13   数控车床对刀方法

试切法对刀是用所选的刀具试切零件的外圆和端面,经过测量和计算得到零件端面中心点的坐标值。数控程序一般按工件坐标系编程,对刀过程就是建立工件坐标系与车床坐标系之间对应关系的过程。常见的是将工件右端面中心点(车床)设为工件坐标系原点。

机械对刀仪对刀是将刀具的刀尖与对刀仪的百分表测头接触,得到两个方向的刀偏量。有的车床具有刀具探测功能,即通过车床上的对刀仪测头测量刀偏量。

光学对刀仪对刀是将刀具刀尖对准刀镜的十字线中心,以十字线中心为基准,得到各把刀的刀偏量。

在实际生产中以试切法对刀应用较广,故这里主要介绍试切法对刀。

FANUC 系统试切法对刀操作如下。

① X 向对刀

将刀具移至工件端面,切外圆,沿 Z 向退刀至安全位置,主轴停转,测量所切外圆的实际直径值,按车床操作面板上的 OFFSET SETTING 键→形状(软键)→操作(软键)→输入 X(实际直径值)→测量(软键),如图 2-1-14 所示。

② Z 轴对刀

将刀具移至工件端面,切端面,沿 X 向退刀至安全位置,按车床操作面板上 OFFSET SETTING 按钮→形状(软键)→操作→输入 Z0→测量(软键),如图 2-1-15 所示。

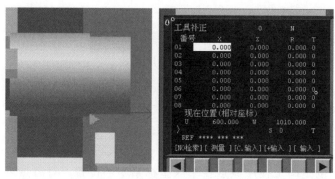

图 2-1-14　X 向对刀

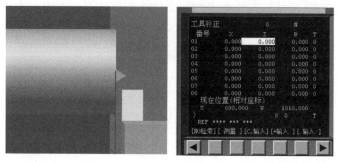

图 2-1-15　Z 向对刀

2）刀补参数设定

车床的刀具补偿包括刀具的形状补偿参数和磨耗量补偿参数,两者之和构成车刀偏置量补偿参数。

① 输入形状补偿参数

刀具形状补偿参数设置步骤如下。

● 在 MDI 键盘上按[OFFSET SETTING]键,进入形状补偿参数设定界面,如图 2-1-16(a)所示。

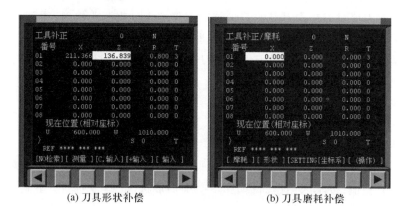

(a) 刀具形状补偿　　　　　　　　　(b) 刀具磨耗补偿

图 2-1-16　刀具补偿界面

● 通过按方位键[↑][↓]选择所需的编号,并按[←][→]确定所需补偿的值。

● 单击数字键,输入补偿值到输入域。

● 按菜单软键[输入]或按 ▣ 键,参数输入到指定区域。按 ▣ 键逐字删除输入域中的字符。

输入刀尖半径和方位号:在需要用刀尖圆弧半径补偿时,需要设置刀尖圆弧半径 R 和刀尖方位号 T,分别把光标移到 R 和 T,按数字键输入半径或方位号,按菜单软键[输入]。

② 输入磨耗量补偿参数

刀具使用一段时间后有磨耗,会使产品尺寸产生误差,因此需要对刀具设定磨耗量补偿。步骤如下。

在 MDI 键盘上单击 ▣ 键,进入磨耗补偿参数设定界面,如图 2-1-15(b)所示。

按方位键 ▣ ▣ 选择所需的编号,并用 ▣ ▣ 确定所需补偿的值。

按数字键,输入补偿值到输入域。

按菜单软键[输入]或按 ▣ 键,参数输入到指定区域。按 ▣ 键逐字删除输入域中的字符。

(8) 程序检验

NC 程序导入后,可检查程序及运行轨迹。

按操作面板上的"自动运行"按键 ▣,使其指示灯变亮 ▣,转入自动加工模式。按 MDI 键盘上的 ▣ 键,按数字/字母键,输入"O×"(×为所需要检查运行轨迹的数控程序号),按 ▣ 键开始搜索,找到后,程序显示在 CRT 界面上。按 ▣ 键,进入检查运行轨迹模式,按操作面板上的"循环启动" ▣ 键,即可观察数控程序的运行轨迹。此时也可通过"视图"菜单中的动态旋转、动态放缩、动态平移等方式对三维运行轨迹进行全方位的动态观察。

注:检查运行轨迹时,暂停运行、停止运行、单段执行等同样有效。

(9) 自动加工

1) 自动/连续方式

① 自动加工流程

检查车床是否回零,若未回零,先将车床回零。

导入数控程序或自行编写一段程序。

按操作面板上的"自动运行" ▣ 键,使其指示灯变亮 ▣。

按操作面板上的"循环启动" ▣ 键,程序开始执行。

② 中断运行

数控程序在运行过程中可根据需要暂停、急停和重新运行。

数控程序在运行时,按"进给保持" ▣ 键,程序停止执行;再按"循环启动" ▣ 键,程序从暂停位置开始执行。

数控程序在运行时,按"急停" 键,数控程序中断运行。继续运行时,先将急停键松开,再按"循环启动" 键,余下的数控程序从中断行开始作为一个独立的程序执行。

2) 自动/单段方式

检查车床是否回零。若未回零,先将车床回零。

再导入数控程序或自行编写一段程序。

按操作面板上的"自动运行" 键,使其指示灯变亮 。

按操作面板上的"单节" 键。

按操作面板上的"循环启动" 键,程序开始执行。

注:自动/单段方式执行每一行程序均需按一次"循环启动" 键。

注:按"单节跳过" 键,则程序运行时跳过符号"/"有效,该行成为注释行,不执行;按"选择性停止" 键,则程序中 M01 有效。

可以通过"主轴倍率"旋钮 和"进给倍率"旋钮 来调节主轴旋转的速度和刀具移动的速度。

按 键可将程序重置,程序自动状态运行停止。

(10) 检测

1) 检测项目

检查走刀轨迹的正确性。

检查最终的零件形状是否正确。

检查操作过程是否规范。

检查零件的尺寸是否合格。

2) 检查方法

测量之前主轴应该停止转动,单击"测量"菜单,然后单击下拉菜单中的"剖面图测量",分别对相应的尺寸进行检测。

(11) 仿真结果

任务 1 仿真结果如图 2-1-17 所示。

图 2-1-17 任务 1 仿真结果图

4. 实操加工

(1) 工件装夹

采用三爪自定心卡盘夹紧零件毛坯的外圆周面,保证卡盘外悬伸 45~50 mm。

(2) 刀具选择

根据前述数控加工刀具卡片选用刀具,硬质合金 95°右偏刀装夹到机床刀架 1 号刀位上。

(3) 零件加工

① 电源接通。

② 返回参考点操作。

③ 程序输入。

④ 手动对刀。

X、Z 轴均采用试切法对刀,通过对刀把操作得到的数据输入到刀具长度补偿存储器中,G54 等零点偏置中数值输入 0。

⑤ 程序校验。利用空运行或单段运行检验程序的正确与否。

a. 空运行操作。空运行是指车床按设定的运动速度(快速)运行,可用快速运动开关来改变其进给速度,用于不装夹工件时加工程序检验。空运行操作只需按下空运行开关即可,空运行结束后应使空运行开关复位。

车床轴锁住及辅助功能锁住操作。按下车床操作面板上的车床锁住开关,启动程序后,车床不移动,只显示刀具位移的变化,用于检查程序。另外还有辅助功能锁住,它使 M、S、T 代码被禁止输出并且不能执行,与车床锁住功能一样用于检查程序。

b. 单段运行加工。零件单段工作模式是按下数控启动键后,刀具在执行完程序中的一段程序后停止。通过单段加工模式可以一段一段地执行程序,便于仔细检查数控程序。操作步骤:打开程序,选择自动加工(AUTO)工作模式,调好进给倍率,按单段运行键,按循环启动键进行加工。每段程序运行结束后,继续按循环启动键即可一段一段执行程序加工。

⑥ 自动加工。

数控车床上首件加工均采用试切和试测方法保证尺寸精度,具体做法:当程序运行到精车之前时,停车测量精加工余量,根据精加工余量设置精加工刀具磨耗量,避免因对刀不精确而使精加工余量不足出现缺陷。然后运行精加工程序,程序运行结束时,停车测量;根据测量结果,修调精加工车刀磨耗值,再次运行精加工程序,直至达到尺寸要求为止。

例如:T01 号刀具 X 方向磨耗量设为 0.2 mm。精加工程序运行后,测得 $\phi20$ mm 外圆实际尺寸为 $\phi20.2$ mm,比平均尺寸还大 0.21 mm,单边大 0.105 mm;则把 X 方向磨耗量修改为 0.2 mm-0.105 mm=0.095 mm。

修改刀具磨耗量后,重新运行精加工程序,直至达到尺寸要求。

首件加工尺寸调好后,将程序中 M00、M05 指令删除即可进行成批零件的生产,加工中不需要再测量和控制尺寸,直至刀具磨耗为止。本教材中参考程序均指首件加工程序。

⑦ 注意事项如下。

a. 刀具、工件应按要求装夹。

b. 加工前做好各项检查工作。

c. 加工时应关好防护门。

d. FANUC 系统车床坐标系和工件坐标系的位置关系在车床锁住前后有可能不一致,故使用车床锁住功能空运行后,应手动重回参考点。

e. FANUC 系统加工时,空运行按钮必须复位,否则会发生撞刀现象。

f. 首次切削禁止采用自动方式加工,以避免意外事故发生。

g. 如有意外事故发生,按复位键或紧急停止键,查找原因。

四、任务评价

按照如表 2-1-4 所示评分标准进行评价。

表 2-1-4 评 分 标 准

姓名				图号		开工时间	
班级				小组		结束时间	
序号	名称	检测项目	配分		评分标准	测量结果	得分
			IT	Ra			
1	锥轴	$\phi 30_{-0.02}^{0}$ mm、Ra1.6	20	2	超差不得分,达不到 Ra1.6 不得分		
2		$\phi 36 \pm 0.02$ mm、Ra1.6	20	2	超差不得分,达不到 Ra1.6 不得分		
3		锥度 1:10 Ra1.6	15	2	超差不得分,达不到 Ra1.6 不得分		
4		$\phi 24 \pm 0.02$ mm、Ra1.6	8	2	超差不得分		
5		$\phi 20 \pm 0.02$ mm、Ra1.6	6	2	超差不得分		
6		20 mm、15 mm、15 mm、10 mm、66±0.05 mm	5	2	超差不得分		
7		倒角 C1.5 一处	6	2	不符合要求不得分		
8		倒角 C0.5 三处	4	2	不符合要求不得分		
合计			100				

五、拓展训练

独立完成如图 2-1-18 所示零件加工,并按照如表 2-1-5 所示进行评价。

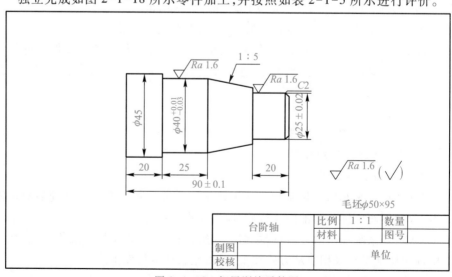

图 2-1-18 拓展训练零件图

表 2-1-5　评 分 标 准

姓名			图号			开工时间	
班级			小组			结束时间	
序号	名称	检测项目	配分		评分标准	测量结果	得分
			IT	Ra			
1	锥轴	$\phi 40^{+0.01}_{-0.03}$ mm、Ra1.6	15	2	超差不得分,达不到 Ra1.6 不得分		
2		$\phi 25\pm0.02$ mm、Ra1.6	15	2	超差不得分,达不到 Ra1.6 不得分		
3		Ra3.2	15	2	超差不得分,达不到 Ra1.6 不得分		
4		锥面 8°、Ra3.2 两处	12	2	超差不得分		
5		20 mm、25 mm、ϕ45 mm	10	5	超差不得分		
6		90±0.1 mm	10	2	超差不得分		
7		倒角 C2 一处	4	4	不符合要求不得分		
	合计		100				

任务 2　内圆柱面加工

一、任务描述

本任务为完成如图 2-2-1 所示零件的加工。该零件为典型的内轮廓加工类型,主要要求掌握车削加工切削路线尤其是退刀路线的安排以及切削用量的设置、程序格式、编程指令 G01、G71、G70 的应用。

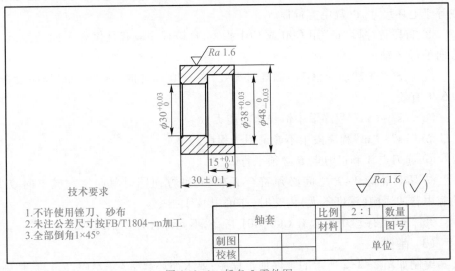

图 2-2-1　任务 2 零件图

视频

G71 指令格式
及应用

动画

G71

二、相关理论

1. 外圆粗车固定循环指令 G71

（1）指令格式：

G71 U（Δd）R（e）；

G71 P（ns）Q（nf）U（Δu）W（Δw）F（f）S（s）T（t）；

Δd——切削深度（半径指定）。

e——退刀行程。

n_s——精加工形状程序的第一个段号。

n_f——精加工形状程序的最后一个段号。

Δu：X 方向精加工余量，内孔加工时此值为负。

Δw：Z 方向精加工余量。

G71 指令的粗车是以多次 Z 轴方向走刀以切除工件余量，为精车提供一个良好的条件，适用于毛坯是圆钢的工件，走刀路线如图 2-2-2 所示。

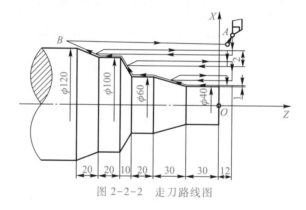

图 2-2-2　走刀路线图

（2）应用技巧

① 应用 G71 前必须设一循环起点，循环起点一般选在毛坯外，X 向值略大于或等于毛坯尺寸，以避免空行程。

② 首段程序段"ns"用 G00 或 G01 指令，且该程序段有且仅有 X 向动作，切削方向平行 Z 轴。

③ F、S 或 T 功能在（G71）循环时无效，在 G70 循环时"ns"~"nf"程序段中的 F、S、T 有效。

④ "ns"~"nf"程序段中恒线速功能无效。

⑤ "ns"~"nf"程序段中不能调用子程序。

⑥ 起刀点 A 和退刀点 B 必须平行。

⑦ 零件轮廓 A~B 之间必须符合 X 轴、Z 轴方向同时单向增大或单向减少。轮廓中若凹浅槽（深度不大）内交时，亦可用 G71 指令。

⑧ "ns"程序段中可含有 G00、G01 指令，不允许含有 Z 轴运动指令。

（3）举例

编制如图 2-2-2 所示的零件加工程序：要求循环起始点在 A(125,12)，切削深度为 2 mm（半径量）。退刀量为 0.5 mm，X 方向精加工余量为 0.4 mm，Z 方向精加工余量为 0.1 mm。

```
O0003;
N10 T0101;                            （选定刀具，主轴以 800 r/min 正转）
N20 M03 S800;                         （主轴以 800 r/min 正转）
N30 X125.0 Z12.0;                     （刀具到循环起点位置）
N40 G71 U2.0 R0.5;                    （粗车背吃刀量 2 mm，退刀量 0.5 mm）
N50 G71 P60 Q150 U0.5 W0.05 F0.25;    （精车余量：X 0.5 mm Z 0.05 mm）
N60 G00 X0;                           （精加工轮廓起始行，到工件轴线）
N70 G01 Z0;                           （工件右端面中心）
N80 G01 X40.0 F0.1;                   （精加工右端面）
N90 G01 Z-30.0 ;                      （精加工 φ40 mm 外圆）
N100 G01 X60.0 Z-60.0;               （精加工圆锥）
N110 G01 W-20.0;                      （精加工 φ60 mm 外圆）
N120 G01 U40.0 W-10.0;               （精加工圆锥）
N130 G01 X100.0 Z-110.0;             （精加工 φ100 mm 外圆）
N140 G01 U20.0 W-20.0;               （精加工外圆锥）
N150 G01 X122.0;                      （精加工轮廓结束离开工件表面）
N160 G70 P60 Q150;                   （精加工循环）
N170 G00 X120.0 Z100.0;              （回对刀点）
N180 M05;                             （主轴停）
N190 M30;                             （主程序结束并复位）
```

2. 精加工循环 G70

（1）命令格式：

G70 P(ns) Q(nf);

n_s——精加工形状程序的第一个段号。

n_f——精加工形状程序的最后一个段号。

G70 主要用于 G71、G72 或 G73 粗车削后工件的精车加工。

（2）应用技巧

① G70 指令是在采用 G71、G72、G73 等指令进行粗切后，采用该指令进行轮廓精加工循环切削。

② 在 G71、G72、G73 程序段中规定的 F、S、T 功能无效，但在执行 G70 时顺序号"ns"和"nf"之间指定的 F、S、T 功能有效。

③ 刀尖半径补偿对 G70 指定的精加工程序段有效。

④ 当 G70 循环加工结束时，刀具返回到起点并读下一个程序段。

⑤ G70 到 G73 中"ns"~"nf"间的程序段不能调用子程序。

3. 端面粗切复合循环指令 G72

（1）命令格式：

G72W(Δd)R(Δe)

G72 P(ns) Q(nf) U(Δu) W(Δw) F__S__T__

Δd——Z 向层切量。

动画

G72

Δe——每刀退刀量（沿 45°方向退刀）。

"P""Q""U""W"同 G71。

G72 刀具循环路线如图 2-2-3 所示。

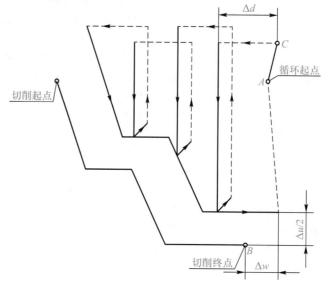

图 2-2-3　G72 刀具循环路线图

（2）应用技巧

① G72 指令适用于零件端面方向的循环切削，所用刀具为端面车刀，主要强调 X 向的切削，如盘类零件。

② 在 G72 刀具路径图中，从 $A \rightarrow B$ 之间的坐标需单调变化（无论 X 向还是 Z 向）。

③ 采用 G72 指令编程时精加工首段有且仅有 Z 向动作。

④ 刀具的运动方向根据工艺制定由 Δu、Δw 决定。

⑤ 同 G71 一样，G72 粗切最后一刀按放过余量的精加工轨迹光整加工，相当于半精车。

三、任务实施

1. 工艺分析

（1）零件加工内容及结构分析

该零件为套类零件，零件材料为 45 号钢。毛坯内表面留有一定的精加工余量，生产类型为单件生产，零件内部结构较为简单，但加工要求较高，有一定的加工难度。毛坯外轮廓直径选择 ϕ50 mm 的棒料，坯料长度可选择 35 mm 即可（切断后）。该零件主要以加工内轮廓为主，主要加工内容有 ϕ38 mm、ϕ30 mm 内圆柱面。

（2）精度分析

1）尺寸精度分析

该零件对 ϕ38 mm、ϕ30 mm 两内孔直径及 ϕ38 mm 内孔长度为 15 mm 的线性尺寸的精度要求较高，尺寸公差为 0.1 mm，加工时应注意其精度控制。其他尺寸没有具体的精度要求,加工时只需要满足图中基本尺寸要求即可。

2)形位公差分析

该零件无具体形位公差要求,工艺安排较简单,加工、测量时无需考虑特殊要求,满足零件的一般使用性能即可。

3)表面粗糙度分析

该零件内部结构的表面粗糙度要求较高,为 $Ra1.6$,其余表面的表面粗糙度相对要求较低,为 $Ra3.2$。

(3)零件装夹分析

该零件因无形位公差要求,故零件装夹较为简单,以工件 $\phi50$ mm 圆柱外轮廓为装夹面,采用三爪自定心卡盘进行装夹,工件(毛坯)露出卡盘端面应大于零件最终长度(30 mm)10~20 mm,卡盘夹持部分长度以不小于 30 mm 为宜。由于零件内部尺寸精度要求较高,故应在一次装夹中加工出所有的内部结构,然后再根据需要对外轮廓进行加工,待零件所有结构加工完成后可用切断刀进行切断即可。

(4)工件坐标系分析

因该零件属于典型的数控车床加工套类零件,故其工件坐标系按照常规方式设置即可,即工件坐标系的原点设置在工件右(左)端面与工件轴线的交点处。

(5)顺序及进给路线分析

根据车削加工的特点,该零件加工顺序按由粗到精、由近到远(由右到左)的原则进行,即先从右向左进行粗车(留出精加工余量),然后从右向左进行精车,直至加工合格。

数控加工路线安排:1→2→3→4→5→6→7,如图 2-2-4 所示。

(6)加工刀具分析

① 粗车外轮廓可选用 $K_r=95°$ 硬质合金刀。

② 粗、精车内轮廓可选用 $K_r=93°$ 硬质合金内孔偏刀。由于该零件为阶梯孔,为防止副后刀面与工件内轮廓干涉,副偏角不宜太小,$K_r'=35°$。

③ 切断可选宽度为 3~5 mm 的切断刀,长度为 20 mm 左右。

数控加工刀具卡片见表 2-2-1。

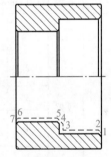

图 2-2-4　数控加工路线参考图

表 2-2-1　数控加工刀具卡片

零件名称			锥套	零件图号		
刀具号	刀具名称	刀具规格	加工内容	刀尖半径	刀尖方位号	备注
T01	外轮廓刀	$K_r=95°$	外轮廓	$R0.4$	3	
T02	内孔镗刀	$K_r=93°$	镗内轮廓	$R0.4$	7	
T03	切断刀	$B=2$	切断工件		8	

（7）切削用量选择

① 切削深度选择：轮廓粗车 $a_p = 1$ mm，精车 $a_p = 0.25$ mm。

② 主轴转速选择：粗车 500 r/min，精车 800 r/min。

③ 进给量选择：根据加工实际情况，确定粗车进给量为 0.2 mm/r，精车为 0.1 mm/r。

（8）建议采取工艺措施

① 由于该零件表面粗糙度要求有高有低，故建议采取粗、精加工分开的方式进行加工。粗加工完成后，留较小的精加工余量（如 0.1~0.2 mm），精加工时通过调整刀具切削用量三要素来保证整个零件的加工质量。

② 满足图样中的技术要求项目。

数控加工工艺卡片见表 2-2-2。

表 2-2-2 数控加工工艺卡片

零件名称	锥轴	零件图号		使用设备	FANUC 0i 前置刀架	夹具名称	三爪自定心卡盘
工序号	名称	工步号	工步内容	刀具号	主轴转速 $n/(\mathrm{r \cdot min^{-1}})$	进给速度 $f/(\mathrm{mm \cdot r^{-1}})$	切削深度 a_p/mm	备注
1	下料		ϕ50 mm×120 mm（45号钢）					
2	数控车床	1	粗车端面、外轮廓	T01	500	0.3	2	
		2	精车端面、外轮廓	T01	800	0.1	0.5	
		3	钻 ϕ28 mm		300			
		4	粗镗 ϕ30 mm、ϕ38 mm	T02	500	0.3	2	
		5	精镗 ϕ30 mm、ϕ38 mm	T03	800	0.1	0.5	
		6	切断，保证总长	T03	30~500	0.05		

2. 程序编制

任务参考程序单见表 2-2-3。

表 2-2-3 任务参考程序单

零件名称	锥轴	程序说明
程序段号	FANUC 0i 系统程序	
	O0001	
N10	T0202	换 2 号镗孔刀
N20	G99M03S500	主轴正转，转速 500 mm/min

续表

零件名称	锥轴	程序说明
程序段号	FANUC 0i 系统程序	
N30	G00X20.Z2.	快速定位到循环点
N40	G71U2.R0.5	G71 粗车循环参数
N50	G71P60Q110U−0.5W0.F0.3	
N60	N1G01X38.	
N70	Z0	
N80	Z−15.	粗车工件毛坯轮廓
N90	X30.	
N100	Z−30.	
N110	N110G0X18.Z100.	
N120	G70P60Q110S800F0.1	精车工件毛坯轮廓
N130	M30	程序结束

3. 仿真加工

（1）选择车床

单击菜单"机床/选择机床"，选择控制系统"FANUC 0i"和"车床"，车床类型选择"标准（平床身前置刀架）"，单击"确定"按钮。

（2）启动车床

（3）回参考点

（4）程序输入

数控程序除了直接用 FANUC 0i 系统的 MDI 键盘输入外，也可以通过记事本或写字板等编辑软件输入并保存为文本格式文件。

① 打开车床面板，单击 ⟩⟩ 键，进入编辑状态。

② 单击 MDI 键盘上 PROG 键，进入程序编辑状态。

③ 打开菜单"机床/DNC 传送"，在打开文件对话框中选取文件，如图 2-2-5（a）所示，在文件名列表框中选中所需的文件，单击"打开"按钮。

④ 按 LCD 画面软键"［（操作）］"，再单击画面软键 ▶，再单击画面"［READ］"对应软键。

⑤ 在 MDI 键盘在输入域输入文件名，O××，（O 后面是不超过 9999 的任意正整数），如"O0001"。

⑥ 单击画面"［EXECL］"对应软键，即可输入预先编辑好的数控程序，并在 LCD 显示，如图 2-2-5（b）所示。

（5）定义毛坯及装夹

（6）刀具的选择及安装

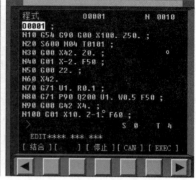

(a) 打开程序——DNC传送　　　　(b) 导入的数控程序

图2-2-5　程序导入

（7）对刀操作

（8）自动加工

（9）调头装夹

单击菜单"零件"→"移动零件"选项,出现如图2-2-6所示界面,单击中间调头图标,单击调整零件。

（10）安装钻头

单击菜单"机床"→"车刀选择"选项,在"车刀选择"中单击"尾座"图标,选择钻头,如图2-2-7所示。

图2-2-6　调头装夹

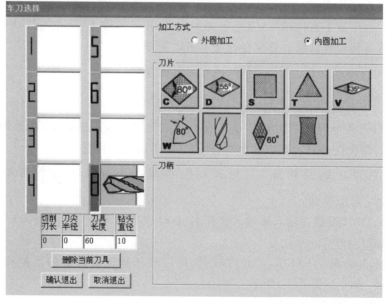

图2-2-7　安装钻头

（11）手动钻孔

单击菜单"机床"→"移动尾座"选项,出现如图 2-2-8 所示对话框。

先将刀架移动到工件很近的位置,在手动模式下让主轴转动,然后单击  移动尾座钻孔,钻通。钻孔完成后,移动回原来位置,停止主轴转动。

图 2-2-8　移动尾座

（12）内孔刀具的选择及安装

安装车刀的步骤及方法如下。

在"车刀选择"里单击所需的刀位。在这里选择 1 种刀具:内孔刀具 T2。

选择刀片类型:外圆刀具 T1 选择刀片 。

选择刀柄类型:确认操作完成,单击"确定"键。

注意内孔刀具的直径及加工深度参数设置。

（13）内孔刀具对刀

为了方便观察,单击菜单"视图"→"俯视图"选项。因为刀具切削内孔对刀,为了看清楚内孔切削情况,单击菜单"视图"→"选项"选项,出现如图 2-2-9 所示对话框,"零件显示方式"选中"剖面(车床)"单选按钮。

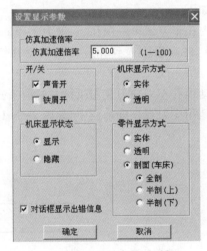

图 2-2-9　显示参数对话框

其他对刀步骤如同外圆车刀对刀步骤。

（14）检测

1）检测项目。

① 检查走刀轨迹的正确性。

② 检查最终的零件形状是否正确。

③ 检查操作过程是否规范。

④ 检查零件的尺寸是否合格。

2）检查方法

测量之前主轴应该停止转动,单击"测量"菜单,然后单击下拉菜单中的"剖面图测量"选项,分别对相应的尺寸进行检测。

（15）仿真结果

任务 2 仿真结果如图 2-2-10 所示。

4. 实操加工

（1）工件装夹

采用三爪自定心卡盘夹紧零件毛坯的外圆周面，夹持长度在 35 mm 左右为宜。

图 2-2-10　任务 2 仿真结果

（2）刀具选择

根据前述数控加工刀具卡片选用刀具，硬质合金外圆车刀、切断刀和麻花钻，分别装夹到机床刀架上。1 号刀位放置外圆车刀，2 号刀位放置粗镗刀，3 号刀位放置精镗刀，外轮廓加工完毕可卸下外圆车刀换上切断刀。

（3）零件加工

① 电源接通。

② 返回参考点操作。

③ 程序输入。

④ 手动对刀。

内孔车刀对刀方法如下。

a. X 方向对刀。用内孔车刀试车一内孔，长度为 3~5 mm，然后沿 +Z 方向退出刀具，停车测出内孔直径，将其值输入到相应刀具长度补偿中，如图 2-2-11（a）所示。

b. Z 方向对刀。移动内孔车刀使刀尖与工件右端面平齐，可借助直尺确定，然后将刀具位置数据输入到相应刀具长度补偿中，如图 2-2-11（b）所示。

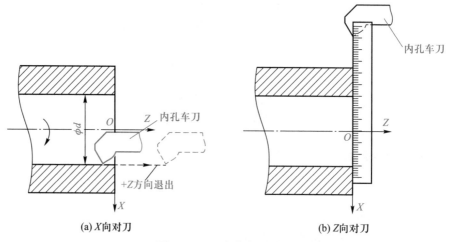

(a) X 向对刀　　　　　　　　　　　　(b) Z 向对刀

图 2-2-11　内孔车刀对刀

外圆车刀对刀方法同前面课题；中心钻、麻花钻只需对 Z 坐标，分别将中心钻、麻花钻钻尖与工件右端面对齐，再将其值输入到相应长度补偿中；若手动钻中心孔、钻孔，则中心钻、麻花钻不需对刀。

⑤ 程序校验。选择自动加工模式,打开程序,按空运行键及车床锁住开关,按循环启动键,观察程序运行情况;若按图形显示键再按循环启动键可进行加工轨迹仿真。空运行结束后使空运行键及车床锁住开关复位,重新回车床参考点。

⑥ 自动加工。打开程序,选择 AUTO 自动加工模式,调好进给倍率,按数控启动键进行自动加工。

孔径尺寸控制:内孔尺寸通过设置刀具磨耗量及加工过程中试切、试测来保证。执行调头车孔程序时,程序运行到精车程序段之前时停车测量,根据测量结果,设置刀具磨耗量,运行精车内孔程序,内孔精加工结束后,测量孔径尺寸,根据测量结果,修调刀具磨耗量,继续运行精车内孔程序段,直至符合尺寸要求为止。具体示例如下。

内孔精车刀刀具磨耗量设为-0.2 mm,执行精车 $\phi38$ mm 内孔程序后测得内孔实际孔径为 $\phi37.92$ mm,比孔径平均尺寸还小 0.108 mm,单边余量小 0.054 mm,则把刀具磨耗量修调为-0.2 mm+0.054 mm =-0.146 mm。

⑦ 注意事项如下。

a. 中心钻、麻花钻安装时应严格与工件旋转轴线重合,预防因偏心而折断钻头。

b. 车内孔前应先检测内孔车刀是否会与工件发生干涉。

c. 车内孔时 X 轴退刀方向与车外圆刚好相反,且退刀距离不能太大,防止刀背面碰撞到工件。

d. 内孔车刀 Z 方向对刀时,工件应停转,避免对刀时发生安全事故。

e. 孔径尺寸控制时,刀具磨耗量的设置、修改与外圆加工相反。

四、任务评价

按照表 2-2-4 评分标准进行评价。

表 2-2-4　任务 2 评分标准

姓名			图号			开工时间		
班级			小组			结束时间		
序号	名称	检测项目	配分		评分标准	测量结果	得分	
			IT	Ra				
1	轴套	$\phi48_{-0.03}^{0}$ mm、$Ra1.6$	15	25	超差不得分,达不到 $Ra1.6$ 不得分			
2		$\phi38_{0}^{+0.03}$ mm、$Ra1.6$	15	25	超差不得分,达不到 $Ra1.6$ 不得分			
3		$15_{0}^{+0.1}$ mm	15	25	超差不得分			
4		30 ± 0.1 mm	18	25	不符合要求不得分			
合计			100					

五、拓展训练

独立完成如图 2-2-12 所示零件加工,并按照如表 2-2-5 所示进行评价。

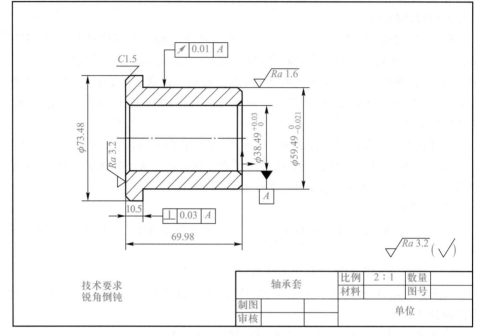

图 2-2-12　拓展训练零件图

表 2-2-5　评 分 标 准

姓名			图号			开工时间	
班级			小组			结束时间	
序号	名称	检测项目	配分		评分标准	测量结果	得分
			IT	Ra			
1	轴承套	$\phi73.48$ mm、Ra3.2	15	20	超差不得分,达不到 Ra3.2 不得分		
2		$\phi59.49_{-0.021}^{0}$ mm、Ra1.6	15	20	超差不得分,达不到 Ra1.6 不得分		
3		$\phi38.49_{0}^{+0.3}$ mm	15	20	超差不得分		
4		10.5 mm	18	20	不符合要求不得分		
5		69.98 mm	12	20	不符合要求不得分		
合计			100				

任务3　沟槽加工

一、任务描述

本任务为完成如图 2-3-1 所示零件的加工。该零件为典型的切槽和切断加工类型,加工项目主要为槽加工,要求掌握车削加工槽及切断时切刀的安装及对刀,掌握绝对尺寸和增量尺寸编程,数控指令 G04/G75 格式,子程序格式及其应用。

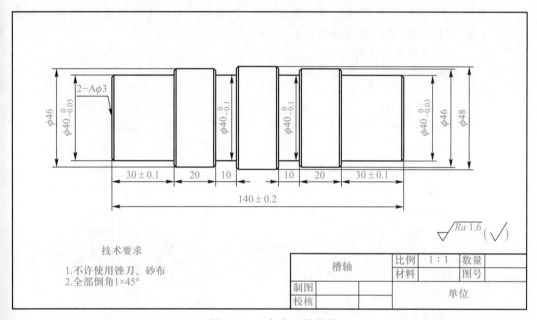

图 2-3-1　任务 3 零件图

二、相关理论

在一个加工程序的若干位置上,如果包含有一连串在写法上完全相同或相似的内容,为了简化程序可以把这些重复的程序段单独抽出,并按一定的格式编写成子程序,然后像主程序一样将它们存储到程序存储区中。主程序在执行过程中如果需要某一子程序,可以通过一定格式的子程序调用指令来调用该子程序,子程序执行完了又可以返回到主程序,继续执行后面的程序段。

1. 程序的嵌套

为了进一步简化程序,可以让子程序调用另一个子程序,这称为子程序的嵌套。如果嵌套深度为二级,其程序执行情况如图 2-3-2 所示。

2. 子程序的调用与执行

子程序的编写与主程序基本相同,只是程序开始不用建立工件坐标系,程序结束符为 M99,表示子程序结束并返回到调用子程序的主程序中。

视频

子程序在加工中的编程及应用

图 2-3-2 子程序的执行

（1）子程序的调用格式（大多数数控系统用下列格式）

M98　P×××　L×××　主程序调用子程序

M99　　　　　　　　子程序结束并返回主程序

其中,调用地址 P 后跟 4 位数为子程序号,调用地址 L 后为调用次数,调用次数为 1 时,可以省略,允许重复调用次数为 999 次。

（2）子程序的执行

子程序的执行过程举例说明如下。

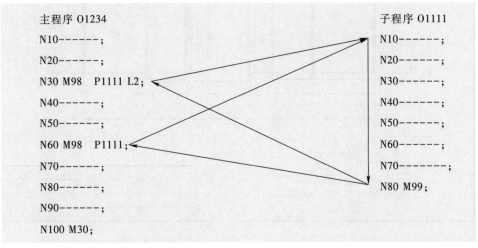

主程序执行到 N30 时,转去执行 O1111 的子程序,重复执行两次子程序后返回主程序继续执行主程序 N40 和 N50 程序段,在执行到 N60 时又转去执行 O1111 的子程序一次后,又返回主程序继续执行主程序 N70 及以后的各程序段,直到主程序结束。

动画
G75

3. 内、外径沟槽(或钻孔)复合循环 G75

（1）指令格式

G75 R(e)

G75 X(u) Z(w) P(Δi) Q(Δk) R(Δd) F__

e——每次切削退刀量(半径值,无正负)。

$X(u)$、$Z(w)$——切削终点坐标值。

Δi——X 向每次切入量(半径值,无正负)。

Δk——Z 向每次移动量。

Δd——切削到终点时的退刀量(可省略)。

G75 指令循环示意如图 2-3-3 所示。

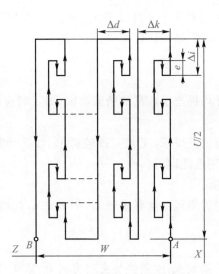

图 2-3-3　G75 指令循环示意图

（2）应用技巧

1）G75 指令主要用于内、外方向的沟槽加工，若车床刀具有动力刀架也可以用于径向钻孔。

2）G75 与 G74 一样，均能进行断续切削和啄式钻孔，以利于排屑。

3）用 G75 切断和钻孔时可用如下程式指令：

G75 R(e)。

G75 X(u) P(Δi)F___。

4）终点 Z 坐标为 Z 向实际尺寸减去 1 倍刀宽。

5）循环结束后，刀位点回循环起点。

6）Δi、e 为半径值，且无正负之分。

7）FANUC 系统中 P、Q 值为非小数点输入。

4. 暂停指令 G04

（1）格式

利用暂停指令，可以推迟下个程序段的执行，推迟时间为指令的时间，主要用于切槽、台阶端面等需要刀具在加工表面短暂停留的场合。其格式如下：

G04X___;（"X"的数值为小数形式，单位为 s）

G04P___;（"P"的数值为整数形式，单位为 ms）

（2）举例

G04X1.0;（暂停 1 s）

G04P1000;（暂停 1 s）

三、任务实施

1. 工艺分析

（1）零件加工内容及结构分析

该零件为多槽轴，材料为 45 号钢，毛坯直径一般可选择比 ϕ48 mm 大的棒料，

如 ϕ50 mm,坯料长度可选择大于零件长度 5~10 mm,如 145 mm、150 mm 等均可。生产类型为单件生产,形状、结构比较简单,主要加工内容为 2 个宽度 10 mm 的槽。

（2）精度分析

1）尺寸精度分析

该零件对所有尺寸均提出了较高的精度要求,加工时应注意其精度控制。

2）形位公差分析

该零件无具体形位公差要求,工艺安排较简单,加工、测量时无需考虑特殊要求,满足零件的一般使用性能即可。

3）表面粗糙度分析

该零件对圆柱面的表面粗糙度要求较高,为 $Ra1.6$,沟槽的表面粗糙度相对要求较高,为 $Ra1.6$。

（3）零件装夹分析

该零件因无形位公差要求,故零件装夹较为简单,以工件 ϕ46 mm 圆柱面左端为装夹面,采用三爪自定心卡盘进行装夹,工件（毛坯）露出卡盘断面应大于零件最终长度为 5~10 mm,卡盘夹持部分长度以不小于 30 mm 为宜,待零件右端加工完成后,掉头装夹即可。

（4）工件坐标系分析

因该零件属于典型的数控车床加工轴类零件,故其工件坐标系按照常规方式设置即可,即工件坐标系的原点设置在工件右端面与工件轴线的交点处。

（5）加工顺序及进给路线分析

根据车削加工的特点,该零件加工顺序按由粗到精、由近到远（由右到左）的原则进行,即先从右向左进行粗车（留出精加工余量）,然后从右向左进行精车,直至加工合格。

精加工走刀路线如图 2-3-4 所示。

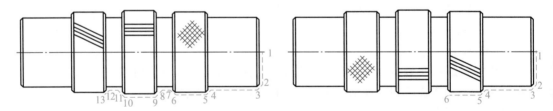

图 2-3-4　精加工走刀路线图

（6）加工刀具分析

加工该零件主要采用了切槽刀和外圆车刀,其中切槽刀可采用 4 mm 或 5 mm 刀宽,外圆车刀采用主偏角为 93°。

（7）建议采取工艺措施

① 由于该零件表面粗糙度要求有高有低,故建议采取粗、精加工分开的方式进行加工,粗加工完成后,留较小的精加工余量（如 0.1~0.2 mm）,精加工时通过调整刀具切削用量三要素来保证整个零件的加工质量。

② 满足图纸中的技术要求项目。

该任务数控加工刀具卡片及工艺卡片见表 2-3-1、表 2-3-2。

表 2-3-1   数控加工刀具卡片

零件名称		多槽轴		零件图号		
刀具号	刀具名称	刀具规格	加工内容	刀尖半径	刀尖方位号	备注
T01	外圆车刀	$K_r = 93°$	加工外轮廓	$R0.4$	3	
T02	切槽刀	宽度 4	加工宽度为 10 mm 的槽		8	

表 2-3-2   数控加工工艺卡片

零件名称	多槽轴	零件图号		使用设备	FANUC 0i	夹具名称	三爪自定心卡盘	
工序号	名称	工步号	工步内容	刀具号	主轴转速 $n/(r \cdot min^{-1})$	进给速度 $f/(mm \cdot r^{-1})$	切削深度 a_p/mm	备注
1	下料		$\phi50×145$ mm(45 号钢)					
2	数控车床	1	粗车右端面、外轮廓至左侧 $\phi46$ mm 外圆	T01	500	0.3	2	
		2	精车端面、外轮廓至左侧 $\phi46$ mm 外圆	T01	800	0.1	0.5	
		3	切槽	T02	300~500	0.05	4	
		4	掉头	T01	300~500	0.05	2	
		5	粗车左端面、外轮廓至左侧 $\phi46$ mm 外圆	T01	500	0.3	2	
		6	精车端面、外轮廓至左侧 $\phi46$ mm 外圆	T01	800	0.1	0.5	

2. 程序编制

任务参考程序单见表 2-3-3。

表 2-3-3   任务参考程序单

零件名称		程序说明
程序段号	FANUC 0i 系统程序	
	外圆车削	
N10	O0001	程序名

续表

零件名称		程序说明
程序段号	FANUC 0i 系统程序	
N20	G99F0.2T0101M03S500;	主轴正转,每转进给为 0.2 mm,刀号为 1 号,刀具补偿号为 1 号,转速为 500 mm/min
N30	G00X52.Z2.;	快速定位循环点
N40	G71U2.R1.;	G71 粗车循环参数
N50	G71P50Q150U0.5W0F0.3;	
N60	G0X38.;	工件轮廓
N70	G01Z0.;	
N80	X40.Z-1.;	
N90	Z-30.;	
N100	X44;	
N110	X46.Z-31.;	
N120	Z-60.;	
N130	X48.Z-61.;	
N140	Z-85.;	
N150	X50.;	
N160	G70P50Q150S800F0.1;	G70 精车循环参数
N170	G00X100.Z100.;	快速退刀
N180	M30;	程序结束并返回程序开始段
N190		
N200	切槽主程序	
N210	O0002	程序名
N220	G99F0.05M03S500T0202	主轴正转,每转进给为 0.05 mm,刀号为 2 号,刀具补偿号为 2 号,转速为 500 mm/min
N230	G00X55.Z-54.;	快速定位
N240	M98P0004;	调用子程序 O0004 一次
N250	Z-84.;	切刀移动到下次子程序起点
N260	M98P0004;	调用子程序 O0004 一次

续表

零件名称		程序说明
程序段号	FANUC 0*i* 系统程序	
N270	G00X100.;	快速退刀
N280	Z100.;	
N290	M30;	程序结束并返回程序开始段
N300	切槽子程序	
N310	O0004	程序名
N320	G75R0.5;	子程序循环
N330	G75X40.W−6.0.P2000Q3000;	
N340	M99;	子程序结束

3. 仿真加工

（1）选择车床

单击菜单"机床/选择机床"，选择控制系统"FANUC 0*i*"和"车床"，车床类型选择"标准（平床身前置刀架）"，单击"确定"按钮。

（2）启动车床

（3）回参考点

（4）程序输入

（5）定义毛坯及装夹

（6）刀具的选择及安装

安装车刀的步骤及方法如下。

在"选择刀位"里单击所需的刀位。在这里选择 1 种刀具：切槽刀具 T2。

选择刀片类型：切槽刀具 T2，选择  刀片。

选择刀柄类型。

确认操作完成，按"确定"键。

（7）对刀操作

（8）自动加工

按操作面板上的"自动运行" 键，使其指示灯变亮  。

按操作面板上的"循环启动" 键，程序开始执行。

（9）检测

1）检测项目

检查走刀轨迹的正确性。

检查最终的零件形状是否正确。

检查操作过程是否规范。

检查零件的尺寸是否合格。

2）检查方法

测量之前主轴应该停止转动,单击"测量"菜单,然后单击下拉菜单中的"剖面图测量"分别对相应的尺寸进行检测。

（10）仿真结果

仿真结果如图 2-3-5 所示。

4. 实操加工

（1）工件装夹

采用三爪自定心卡盘夹紧零件毛坯的外圆周面,夹持长度以 35 mm 左右为宜。

图 2-3-5　仿真结果

（2）刀具选择

根据前述数控加工刀具卡片选用刀具,外圆车刀和切槽刀,分别装夹到车床刀架上,T01 号刀位放置外圆车刀,T02 号刀位放置切断刀。

（3）零件加工

1）电源接通

2）返回参考点操作

3）程序输入

4）手动对刀

① 外圆车刀对刀

外圆车刀通过试切工件右端面对 Z 轴,通过试切外圆对 X 轴,并把试切对刀操作得到的数据输入到刀具相应补偿存储器中。

② 切槽刀的对刀

切槽刀对刀时采用左侧刀尖为刀位点,与编程采用的刀位点一致,如图 2-3-6 所示。对刀操作步骤如下。

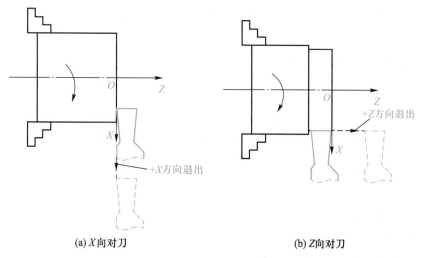

(a) X向对刀　　　　　　　　　　(b) Z向对刀

图 2-3-6　切断刀对刀

　　a. *Z* 向对刀。

　　手动方式下,使主轴正转。或(MDI)方式中输入 M3 S500 使主轴正转。

　　手动方式下,移动刀具,使切槽刀左侧刀尖刚好接触工件右端面。注意刀具接近工件时,进给倍率为 1% ~ 2%。

　　刀具沿+*X* 方向退出,然后进行面板操作,面板操作同外圆车刀对刀。注意刀具号为 T02。

　　b. *X* 向对刀。

　　手动方式下,使主轴正转。或 MDA(MDI)方式中输入 M3 S500 使主轴正转。

　　手动方式下,移动刀具,使切槽刀主刀刃刚好接触工件外圆(或车一段外圆)。注意刀具接近工件时,进给倍率为 1% ~ 2%。

　　刀具沿+*Z* 方向退出,停车测出外圆直径,然后进行面板操作,面板操作同外圆车刀对刀。注意刀具号为 T02。

　　5)程序校验

　　选择自动加工模式,打开程序,按空运行按钮及车床锁住功能开关,按循环启动按钮,观察程序运行情况;若按图形显示键再按循环启动按钮可进行加工轨迹仿真。空运行结束后使空运行按钮及车床锁住功能复位,车床重新回参考点。

　　6)自动加工

　　零件自动加工方法:打开程序,选择 AUTO 工作模式,调好进给倍率,按数控启动按钮进行自动加工。

　　当需要从程序某一段开始运行加工,需采用断点加工方法,具体操作步骤如下。

　　FANUC 系统按 EDIT 键,选择编辑工作模式。将光标移至要加工的程序段(断点处),切换成自动工作模式,按数控启动键,程序便从断点处往后加工。

　　7)注意事项

　　① 切槽刀刀头强度低,易折断,安装时应按要求严格装夹。

　　② 加工中使用两把车刀,对刀时每把刀具的刀具号及补偿号不要弄错。

　　③ 对刀时,外圆车刀采用试切端面、外圆方法进行,切槽刀不能再切端面,否则,加工后零件长度尺寸会发生变化。

　　④ 首件加工时仍尽可能采用单步运行,程序准确无误后再采用自动方式加工以避免意外。

　　⑤ 对刀时,刀具接近工件过程中,进给倍率要小,避免产生撞刀现象。

　　⑥ 切断刀采用左侧刀尖作刀位点,编程时刀头宽度尺寸应考虑在内。

四、任务评价

按照如表 2-3-4 所示评分标准进行评价。

表 2-3-4 多槽轴评分标准

姓名				图号			开工时间	
班级				小组			结束时间	
序号	名称	检测项目	配分 IT	配分 Ra	评分标准		测量结果	得分
1	沟槽	$\phi40_{-0.1}^{0}$ mm、$Ra1.6$	12	6	超差不得分,达不到 $Ra1.6$ 不得分			
2		$\phi40_{-0.1}^{0}$ mm、$Ra1.6$	12	6	超差不得分,达不到 $Ra1.6$ 不得分			
3		$\phi40_{-0.03}^{0}$ mm、$Ra1.6$	12	6	超差不得分,达不到 $Ra1.6$ 不得分			
4		$\phi40_{-0.03}^{0}$ mm、$Ra1.6$	12	6	超差不得分,达不到 $Ra1.6$ 不得分			
5		140±0.2 mm	8		不符合要求不得分			
6		30±0.1 mm	8		超差不得分			
7		30±0.1 mm	7		超差不得分			
8		$\phi46$ mm,$\phi46$ mm,$\phi48$ mm	3					
9		20 mm,20 mm,10 mm,10 mm	2		不符合要求不得分			
合计			100					

五、拓展训练

独立完成如图 2-3-7 所示零件加工,并按照如表 2-3-5 所示进行评价。

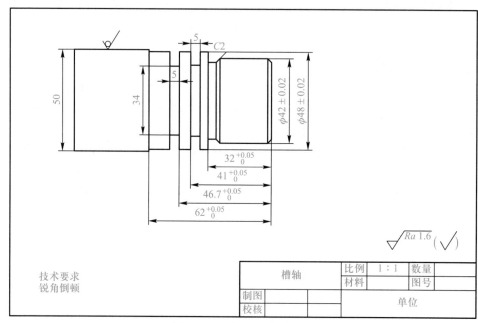

图 2-3-7 拓展训练零件图

96

表 2-3-5 评 分 标 准

姓名			图号			开工时间	
班级			小组			结束时间	
序号	名称	检测项目	配分		评分标准	测量结果	得分
			IT	Ra			
1	槽轴	$\phi 48_{-0.05}^{0}$ mm、$Ra1.6$	15	5	超差不得分,达不到 $Ra1.6$ 不得分		
2		$\phi 42 \pm 0.02$ mm、$Ra1.6$	15	5	超差不得分,达不到 $Ra1.6$ 不得分		
3		$\phi 34_{-0.03}^{0}$ mm、$Ra1.6$	15	5	超差不得分,达不到 $Ra1.6$ 不得分		
4		$5_{0}^{+0.05}$ mm 两处	10	4	超差不得分		
5		$32_{0}^{+0.05}$ mm	6		超差不得分		
6		$41_{0}^{+0.05}$ mm、$46.7_{0}^{+0.05}$ mm	12		超差不得分		
7		$62_{0}^{+0.05}$ mm	6		不符合要求不得分		
8		$C2$	2		不符合要求不得分		
合计			100				

综 合 任 务

一、任务描述

本次综合任务是完成槽轴的加工,零件如图 2-4-1 所示。

二、任务实施

该综合任务包含内、外轮廓加工,沟槽加工,加工时要注意加工工艺的设计以及加工路线的安排,注意刀补的应用及粗、精加工的选择,并考虑轮廓表面的质量合理选择刀具、切削用量及进刀路线。

1. 刀具选择

完成该任务的刀具选择并填写数控加工刀具卡片,见表 2-4-1。

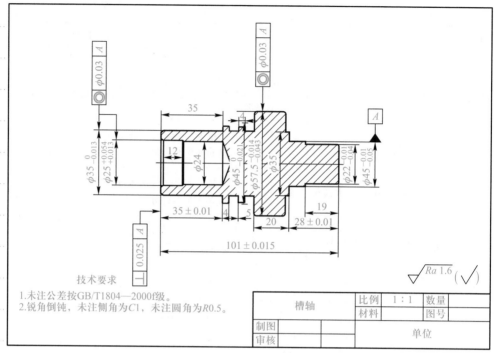

图 2-4-1 槽轴零件图

技术要求
1.未注公差按GB/T1804—2000f级。
2.锐角倒钝，未注倒角为C1，未注圆角为R0.5。

槽轴		比例	1：1	数量	
		材料		图号	
制图				单位	
审核					

表 2-4-1 数控加工刀具卡片

产品名称或代号			零件名称		零件图号		程序编号	
序号	刀具号	刀具名称	刀杆规格		刀柄规格	刀片规格及材料		备注
1								
2								
3								
4								
5								
6								
编制		审核		批准			共 页	第 页

2. 加工工艺制定

完成该任务的加工工艺制定并填写数控加工工艺卡片,见表 2-4-2。

表 2-4-2 数控加工工艺卡片

单位名称		产品名称或代号	零件名称	零件图号
工序号	程序编号	夹具名称	使用设备	车间

工步	工步内容	刀具号	刀具名称	主轴转速/ (r·min⁻¹)	进给速度/ (mm·r⁻¹)	背吃刀量/ mm	备注
1							
2							
3							
4							
5							
6							
编制		审核		批准		日期	

3. 编制加工程序

4. 完成仿真和实操加工

三、任务评价

按照如表 2-4-3 所示评分标准进行评价。

表 2-4-3　槽轴加工评分标准

姓名			图号			开工时间		
班级			小组			结束时间		
序号	名称	检测项目	配分		评分标准		测量结果	得分
			IT	Ra				
1	槽轴	$\phi 22^{-0.01}_{-0.04}$ mm、$Ra1.6$	6	2	超差不得分,达不到 $Ra1.6$ 不得分			
2		$\phi 45^{-0.01}_{-0.05}$ mm、$Ra1.6$	6	2	超差不得分,达不到 $Ra1.6$ 不得分			
3		$\phi 57.5^{-0.014}_{-0.043}$ mm、$Ra1.6$	6	2	超差不得分,达不到 $Ra1.6$ 不得分			
4		$\phi 45^{0}_{-0.021}$ mm、$Ra1.6$ 两处	8	2	超差不得分,达不到 $Ra1.6$ 不得分			
5		$\phi 35^{0}_{-0.013}$ mm、$Ra1.6$	6	2	超差不得分,达不到 $Ra1.6$ 不得分			
6		$\phi 25^{+0.054}_{+0.013}$ mm、$Ra1.6$	6	2	超差不得分,达不到 $Ra1.6$ 不得分			

序号	名称	检测项目	配分		评分标准	测量结果	得分
			IT	*Ra*			
7	槽轴	$\phi24$ mm、$\phi35$ mm	各 3		超差不得分		
8		4 mm、4 mm、5 mm、12 mm、35 mm、19 mm、20 mm	各 2		超差不得分		
9		28±0.01 mm、35±0.01 mm	10		超差不得分		
10		101±0.015 mm	5		超差不得分		
11		⊥ 0.025 A	5		超差不得分		
12		◎ $\phi0.03$ A 两处	10		超差不得分		
合计			100				

项目三

成型面加工

任务 1 简单成型面加工

一、任务描述

本任务为完成如图 3-1-1 所示零件的加工。

该零件为典型的外轮廓加工类型,加工项目主要为圆弧面和圆柱面加工,要求掌握车削加工圆弧面时切削路线的安排、切削用量的设置以及数控指令 G02/G03 格式及应用。

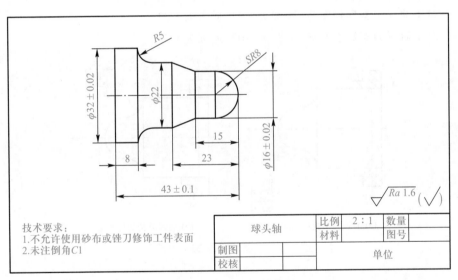

技术要求:
1.不允许使用砂布或锉刀修饰工件表面
2.未注倒角C1

球头轴	比例	2:1	数量	
	材料		图号	
制图			单位	
校核				

图 3-1-1 任务 1 零件图

二、相关理论

1. 圆弧插补指令 G02/G03

指令格式:

G02(G03)X(U)__Z(W)__I__K__F__;

G02(G03)X(U)__Z(W)__R__F__;

视频

G02、G03 圆弧
指令的应用

动画
G02

动画
G03

X、Z——指定的终点。

U、W——起点与终点之间的距离。

I——圆弧起点到圆心之 X 轴的距离。

K——圆弧起点到圆心之 Z 轴的距离。

R——圆弧半径(最大 180°)。

刀具进行圆弧插补时,必须规定所在的平面,然后再确定回转方向。G02 表示顺时针圆弧,G03 表示逆时针圆弧,如图 3-1-2 所示。

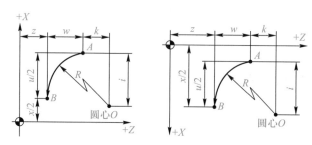

图 3-1-2　G02/G03 圆弧插补指令

2. 圆弧方向的判断

刀架方向决定 X 坐标轴的方向,而圆弧方向根据坐标系不同而改变,如图 3-1-3所示。判断方法如下。

对于前置刀架数控车床:顺圆为 G03,逆圆为 G02。

对于后置刀架数控车床:顺圆为 G02,逆圆为 G03。

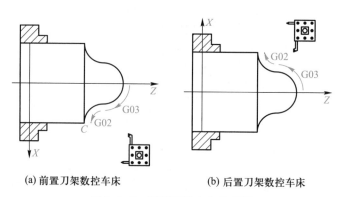

(a) 前置刀架数控车床　　　　(b) 后置刀架数控车床

图 3-1-3　圆弧顺逆方向的判断

3. 举例

加工如图 3-1-4 所示圆弧,程序指令如下。

G02X50.0Z30.0I25.0K0.0F0.3;(绝对坐标)

或 G02U20.0W−20.0I25.0K0.0F0.3;(相对坐标)

G02X50.0Z30.0R25.0F0.3;(绝对

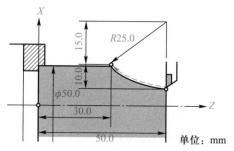

图 3-1-4　G02/G03 圆弧插补指令举例

坐标）

或 G02U20.0W-20.0R25.0F0.3;（相对坐标）

三、任务实施

1. 工艺分析

（1）零件加工内容及结构分析

该零件为简单成型面,名称为球头轴,材料 45 号钢,毛坯直径一般可选择比 $\phi32$ mm 大的棒料,如 $\phi40$ mm。坯料长度可选择大于零件长度 30~50 mm,如 73~93 mm 等均可。生产类型为单件生产,形状、结构比较简单,主要加工内容为 R8 球面、R5 圆弧过渡面、$\phi16$ mm、$\phi20$ mm 和 $\phi32$ mm 圆柱面。

（2）精度分析

1）尺寸精度分析:该零件对 $\phi16$ mm、$\phi20$ mm 和 $\phi32$ mm 外圆直径及长度方向 8 mm、15 mm、23 mm、43 mm 分别提出了相应的尺寸精度要求,其尺寸公差分别为 0.02 mm、0.1 mm,加工时应注意其精度控制,其他尺寸相对而言没有具体的精度要求,加工时只需要满足图中尺寸要求即可。

2）形位公差分析:该零件无具体形位公差要求,工艺安排较简单,加工、测量时无需考虑特殊要求,满足零件的一般使用性能即可。

3）表面粗糙度分析:该零件对所有外圆柱面均提出了较高的表面粗糙度（ $Ra1.6$ ）。

（3）零件装夹分析

该零件因无形位公差要求,故零件装夹较为简单,可以以工件 $\phi40$ mm 圆柱面为装夹面,采用三爪自定心卡盘进行装夹,工件（毛坯）露出卡盘断面应大于零件最终长度 10~20 mm,卡盘夹持部分长度不小于 30 mm 为宜。待零件所有结构加工完成后用切断刀切断即可。

（4）工件坐标系分析

因该零件属于典型的数控车床加工类零件,故其工件坐标系按照常规方式设置即可,即工件坐标系的原点设置在 SR8 球头面的端面与工件轴线交点处。

（5）加工顺序及进给路线分析

根据车削加工的特点,加工顺序可按由粗到精、由近到远（由右到左）的原则进行,即先从右向左进行粗车（留出精加工余量）,然后从右向左进行精车,直至加工合格。

数控加工路线安排:$1\rightarrow2\rightarrow0\rightarrow3\rightarrow4\rightarrow5\rightarrow6\rightarrow7$,如图 3-1-5 所示。

（6）加工刀具分析

1）粗、精车可选用 $K_r=93°$ 硬质合金右偏刀粗加工外轮廓,由于外圆上有圆弧表面,为防止副后刀面与工件轮廓干涉,副偏角不宜太小,可取 $K_r'=35°$ 。

2）切断可选宽度为 2 mm 的切断刀,长度大

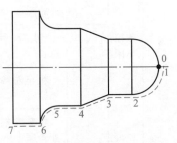

图 3-1-5　精加工走刀路线（参考）

于 25 mm。

数控加工刀具卡片见表 3-1-1。

表 3-1-1　数控加工刀具卡片

零件名称		球头轴		零件图号		
刀具号	刀具名称	刀具规格	加工内容	刀尖半径	刀尖方位号	备注
T01	粗、精车外圆刀	$K_r = 93°$	加工外轮廓	$R0.4$	3	
T02	切断刀	$B = 2$	切断工件		8	

（7）切削用量选择

1）切削深度选择：轮廓粗车 $a_p = 2$ mm，精车 $a_p = 0.5$ mm。

2）主轴转速选择：车外圆和圆弧时，粗车 500 r/min，精车 800 r/min。

3）进给量选择：根据加工实际情况，确定粗车进给量为 0.2 mm/r，精车为 0.1 mm/r。

（8）建议采取工艺措施

1）由于该零件表面粗糙度要求较高，故建议采取粗、精加工分开的方式进行加工，粗加工完成后，留较小的精加工余量（如 0.1~0.3 mm），精加工时通过调整切削用量三要素来保证整个零件的加工质量。

2）满足图纸中的技术要求项目。

数控加工工艺卡片见表 3-1-2。

表 3-1-2　数控加工工艺卡片

零件名称	球头轴	零件图号			使用设备	FANUC 0i	夹具名称	三爪自定心卡盘	
工序号	名称	工步号	工步内容		刀具号	主轴转速 $n/(\text{r} \cdot \text{min}^{-1})$	进给速度 $f/(\text{mm} \cdot \text{r}^{-1})$	切削深度 a_p/mm	备注
1	下料	$\phi45$ mm×130 mm（45 号钢）							
2	数控车床	1	粗车右端面、外轮廓		T01	500	0.2	2	
		2	精车右端面、外轮廓		T01	800	0.1	0.5	
		3	切断，保证总长		T02	300~500	0.05		
		4	粗车左端面、外轮廓		T01	500	0.2	2	
		5	精车左端面、外轮廓		T01	800	0.1	0.5	

2.程序编制

程序编制见表 3-1-3。

表 3-1-3　程序编制

零件名称	球头轴	程序说明
程序段号	FANUC 0i 系统程序	
	O0001;	
N10	G99M03S500T0101F0.2;	主轴以 500 r/min,调运 1 号刀位和刀补
N20	G00X42.;	定刀点
N30	Z2.;	
N40	G71U1.R0.5;	粗车外轮廓
N50	G71P1Q2U0.5W0.;	
N60	N1G00X0.	外轮廓程序段
N70	Z0.;	
N80	G03X16.Z-8.R8.;	
N90	G01Z-15.;	
N100	X22.Z-23.;	
N110	Z-30.;	
N120	G02X32.Z-35.R5.;	
N130	G01Z-43.;	
N140	N2G01X42.;	
N150	G70 P1 Q2 S800 F0.1;	精车外轮廓
N160	G00X100.Z100.;	退刀
N170	M30;	结束

3.仿真加工

（1）选择车床

单击菜单"机床"→"选择机床",选择控制系统"FANUC 0i"和"车床",车床类型选择"标准(平床身前置刀架)",单击"确定"按钮。

（2）启动车床

按"启动"键,此时车床电机和伺服控制的指示灯变亮 。

检查"急停"键是否松开,若未松开,按"急停"键 ,将其松开。

（3）回参考点

检查操作面板上回原点指示灯是否亮 ,若指示灯亮,则已进入回原点模式;若指示灯不亮,则按"回原点"键 ,转入回原点模式。

在回原点模式下,先将 X 轴回原点,按操作面板上的"X 轴选择"键 ,使 X 轴方向移动指示灯变亮 ,按"正方向移动"键 ,此时 X 轴将回原点,X 轴回原点灯变亮。

同样,再按"Z 轴选择"键,使指示灯变亮,单击,Z 轴将回原点,Z 轴回原点灯变亮。

（4）程序输入

（5）定义毛坯及装夹

选择菜单"零件"→"定义毛坯"选项或在工具条上选择 ⬡。

选择菜单"零件"→"放置零件"选项或者在工具条上选择图标 ⛏,系统弹出"选择零件操作"对话框。毛坯放上工作台后,系统将自动弹出一个小键盘,通过按动小键盘上的方向按钮,实现零件的平移和旋转。

（6）刀具的选择及安装

安装车刀的步骤及方法如下。

在"选择刀位"里单击所需的刀位。在这里选择 1 种刀具:外圆刀具 T1。

选择刀片类型:外圆刀具 T1 选择刀片 。

选择刀柄类型。

确认操作完成,单击"确定"按钮。

（7）对刀操作

（8）自动加工

按操作面板上的"自动运行"键,使其指示灯变亮 。

按操作面板上的"循环启动"键,程序开始执行。

（9）检测

1）检测项目

① 检查走刀轨迹的正确性。

② 检查最终的零件形状是否正确。

③ 检查操作过程是否规范。

④ 检查零件的尺寸是否合格。

2）检查方法

测量之前主轴应该停止转动,单击"测量"菜单,然后单击下拉菜单中的"剖面图测量",分别对相应的尺寸进行检测。

（10）仿真结果

仿真结果如图 3-1-6 所示。

4. 实操加工

（1）工件装夹

图 3-1-6　任务 1 仿真结果图

采用三爪自定心卡盘夹紧零件毛坯的外圆面,夹持长度以 35 mm 左右为宜。

（2）刀具选择

根据前述数控加工刀具卡片选用刀具,外圆刀和切断刀,分别装夹到机床刀架上,T01 号刀位放置粗、精外圆刀,T02 号刀位放置切断刀。

（3）零件加工

1）电源接通

2）返回参考点操作

3）程序输入

4）手动对刀

依次采用试切法对刀,通过对刀把操作得到的零偏值分别输入到各自长度补偿中。切断刀选取左侧刀尖为刀位点。

5）程序校验

选择自动加工模式,打开程序,按空运行键及车床锁住功能开关,按循环启动键,观察程序运行情况;若按图形显示键再按循环启动键可进行加工轨迹仿真。空运行结束后使空运行键及车床锁住功能复位,车床重新回参考点。

6）自动加工

零件自动加工方法:打开程序,选择 AUTO 工作模式,调好进给倍率,按数控启动键进行自动加工。

外圆及长度尺寸控制仍然通过设置刀具磨耗量,加工过程中采用试切和试测方法进行控制,程序运行至精车前停车测量;根据测量结果设置 T01 号刀具磨耗量,然后运行精加工程序,停车测量,根据测量结果,修调 T01 号刀具磨耗量,再次运行精加工程序,直至尺寸符合要求为止。圆弧面形状及尺寸控制通过设置刀尖半径补偿、装夹刀具时使刀尖与工件轴心线等高、试测量等方法控制。

7）注意事项

① 精车时应使用刀尖半径补偿指令,并在车床半径补偿中输入刀尖半径值。

② 凸圆弧车刀主、副偏角必须足够大,保证车削时不发生干涉。

③ 外圆精车刀通过车端面对刀,其余刀具只能将刀位点移至工件右端面进行对 Z 轴。

④ 工件伸出长度不能太长也不能太短,太长时工件刚性差,太短时无法切断。

四、任务评价

按照如表 3-1-4 所示评分标准进行评价。

表 3-1-4 评 分 标 准

姓名			图号			开工时间	
班级			小组			结束时间	
序号	名称	检测项目	配分		评分标准	测量结果	得分
			IT	Ra			
1	球头轴	$\phi16\pm0.02$ mm、$Ra1.6$	15	5	超差不得分,达不到 $Ra1.6$ 不得分		
2		$\phi22_{-0.015}^{0}$ mm、$Ra1.6$	15	5	超差不得分,达不到 $Ra1.6$ 不得分		
3		$\phi32_{-0.02}^{0}$ mm、$Ra1.6$	15	5	超差不得分		
4		圆弧面 $SR8$、$R5$	12	5	超差不得分		

续表

序号	名称	检测项目	配分		评分标准	测量结果	得分
			IT	Ra			
5	球头轴	8 mm、15 mm、23 mm	15		超差不得分		
6		43±0.1 mm	8		不符合要求不得分		
	合计		100				

五、拓展训练

独立完成如图 3-1-7 所示零件的加工,并按照如表 3-1-5 所示进行评价。

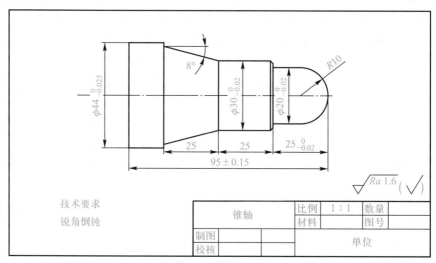

图 3-1-7 拓展训练零件图

表 3-1-5 评 分 标 准

姓名			图号			开工时间	
班级			小组			结束时间	
序号	名称	检测项目	配分		评分标准	测量结果	得分
			IT	Ra			
1	锥轴	$\phi44_{-0.025}^{0}$ mm、Ra1.6	10	5	超差不得分,达不到 Ra1.6 不得分		
2		$\phi30_{-0.02}^{0}$ mm、Ra1.6	15	5	超差不得分,达不到 Ra1.6 不得分		
3		$\phi20_{-0.02}^{0}$ mm、Ra1.6	15	5	超差不得分		
4		角度椎、R10、Ra1.6	7	5	超差不得分		

续表

序号	名称	检测项目	配分		评分标准	测量结果	得分
			IT	*Ra*			
5	锥轴	25 mm、25±0.20 mm	10		超差不得分		
6		95±1.5 mm	5				
7		$25_{-0.02}^{0}$ mm	10				
8		C2	8		不符合要求不得分		
合计			100				

任务 2 复杂成型面加工

一、任务描述

本任务为完成如图 3-2-1 所示零件的加工。

该零件为典型的外轮廓带成型面加工类型,加工项目主要为圆弧面和圆柱面加工,要求掌握车削加工圆弧面时各节点的数据计算、刀具的选择、切削路线的安排以及切削用量的设置以及数控指令 G02/G03 、G73 格式及应用。

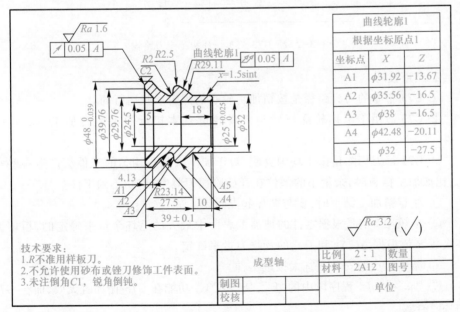

曲线轮廓1		
根据坐标原点1		
坐标点	*X*	*Z*
A1	$\phi 31.92$	-13.67
A2	$\phi 35.56$	-16.5
A3	$\phi 38$	-16.5
A4	$\phi 42.48$	-20.11
A5	$\phi 32$	-27.5

技术要求:
1.*R*不准用样板刀。
2.不允许使用砂布或锉刀修饰工件表面。
3.未注倒角C1,锐角倒钝。

成型轴		比例	2:1	数量	
		材料	2A12	图号	
制图				单位	
校核					

图 3-2-1 任务 2 零件图

二、相关理论

1. 成型加工复式循环 G73

指令格式： G73 U(Δi) W(Δk) R(Δd) ；

G73 P(ns) Q(nf) U(Δu) W(Δw) F(f) S(s) T(t)；

Δi——X 轴方向退刀量的距离和方向(半径值指定)。

Δk——Z 方向退刀量的距离和方向,该值是模态值。

Δd——分层次数,此值与粗切重复次数相同,该值是模态值。

ns——循环中的第一个程序号。

nf——循环中的最后一个程序号。

Δu——径向(X)的精车余量。

Δw——轴向(Z)的精车余量。

F、S、T——粗加工循环中的进给速度、主轴转速与刀具功能。

G73 指令用于重复切削一个逐渐变换的固定形式,主要用于已经铸造或锻造成型的工件的粗加工,走刀路线如图 3-2-2 所示。

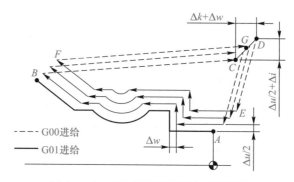

图 3-2-2 G73 粗车循环指令走刀路线

2. 应用技巧

① G73 指令的刀具路径是按精加工轮廓的固定形状运行的。

② G73 适用于毛坯轮廓形状与零件轮廓基本接近的毛坯粗加工,如锻件、铸件。

③ G73 每刀切除量由于均匀分配,对于加工余量不均匀的工件会产生一些空切,比如加工棒料时,余量小的部位在开始阶段刀具空行,切不到工件。

④ 注意精加工结束时,要与循环起点封闭。

⑤ Δi 和 Δk 值是根据零件的被加工表面中最大的毛坯余量来确定的,粗切循环次数 R 值根据 Δi、Δk 和刀具的背吃刀量来确定。

⑥ 循环起点的安排不宜太接近工件。

⑦ "ns"~"nf"程序段中的"F"、"S"或"T"功能在 G73 循环时无效,而在 G70 循环时有效。

⑧ 加工余量的计算:(毛坯 ϕ-工件最小 ϕ-1)/2(减 1 是为了少走一空刀)。

三、任务实施

1. 工艺分析

（1）零件加工内容及结构分析

该零件属于成型类零件,零件材料为 45 号钢,毛坯直径一般选择比 $\phi48$ mm 大的棒料,如 $\phi50$ mm。坯料长度可选择大于零件长度 3~5 mm,如 42 mm、45 mm 等均可。生产类型为单件。零件加工内容为内、外形加工,轮廓由直线圆弧连接而成,其中有凹进去的部分。

（2）精度分析

① 尺寸精度分析:该零件分别对 $\phi25$ mm、$\phi32$ mm、$\phi48$ mm 外圆直径及总长 39 mm 分别提出了相应的尺寸精度要求,其尺寸公差分别为 0.025 mm、0.02 mm、0.039 mm,加工时应注意其精度控制,其他尺寸相对而言没有具体的精度要求,加工时只需要满足自由尺寸公差即可。

② 形位公差分析:该零件无具体形位公差要求,但具体工艺安排较复杂。

③ 表面粗糙度分析:该零件主要左右两端圆柱面提出了较高的表面粗糙度要求($Ra1.6$),其余表面的表面粗糙度要求相对较低($Ra3.2$)。

（3）零件装夹分析

该零件毛坯为棒料,加工时可直接以毛坯表面进行装夹定位,保证外伸长度即可。

（4）工件坐标系分析

工件坐标系原点建议设置在工件右端面与工件轴线的交点处。

（5）加工刀具分析

为保证成型面的加工质量,防止刀具的干涉,可选择采用 V 形刀片的可转位机械夹紧车刀。数控加工刀具卡片见表 3-2-1。

表 3-2-1 　数控加工刀具卡片

零件名称			成型轴	零件图号		
刀具号	刀具名称	刀具规格	加工内容	刀尖半径 /mm	刀尖方位号	备注
T01	粗、精车 外圆车刀	$K_r = 93°$	粗、精加工外轮廓	$R0.4$	3	
T02	内孔刀	$K_r = 93°$	粗、精加工内轮廓	$R0.4$	8	
	中心站	A3				
	麻花钻	$\phi22$ mm				

（6）切削用量选择

① 切削深度选择:轮廓粗车 $a_p = 2$ mm,精车 $a_p = 0.5$ mm。

② 主轴转速选择:粗车切削速度选 500 r/min,精车切削速度选 800 r/min,

③ 进给量选择:根据加工实际情况,确定粗车进给量为 0.2 mm/r,精车为 0.1 mm/r。

（7）建议采取工艺措施

因工件形状复杂,刀具选用应考虑加大刀具副偏角,避免与工件发生干涉。

数控加工路线安排如图 3-2-3 所示 。

数控加工工艺卡片见表 3-2-2。

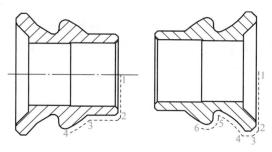

图 3-2-3　精加工走刀路线

表 3-2-2　数控加工工艺卡片

零件名称	成型轴	零件图号		使用设备	FANUC 0i 前置刀架	夹具名称	三爪自定心卡盘
工序号	名称	工步号	工步内容	刀具号	主轴转速 $n/(\text{r} \cdot \text{min}^{-1})$	进给速度 $f/(\text{mm} \cdot \text{r}^{-1})$	切削深度 a_p/mm	备注
1	下料	ϕ50 mm×45 mm(45 号钢)					
2	数控车床	1	粗车右端面、外轮廓	T01	500	0.2	2	
		2	精车右端面、外轮廓	T01	800	0.1	0.5	
		3	钻中心孔	中心钻	1 000	0.05		
		4	钻 ϕ22 mm 通孔	麻花钻	400			
		5	粗车 ϕ25 mm 内孔	T02	500	0.2	1.0	
			精车 ϕ25 mm 内孔	T02	800	0.1	0.5	
			切 ϕ26 mm 所在槽	T02	300~500	0.05	5	
			切断,保证总长	T02	300~500	0.05		

2. 程序编制

任务参考程序单见表 3-2-3。

表 3-2-3 任务参考程序单

零件名称		程序说明
程序段号	FANUC 0i 系统程序	
N10		右端
N20	G99F0.2M03S500T0101;	主轴正转,500 mm/min 换刀到 1 号刀位
N30	G00X52.Z2.;	快速定位循环点
N40	G71U2.R1.;	G71 粗车循环参数
N50	G71P1Q2U0.5W0F0.2;	
N60	N1G00X29.;	工件毛坯轮廓
N70	G01Z0.;	
N80	X32.Z-1.5;	
N90	Z-11.5;	
N100	G03X42.48Z-18.89R29.11;	
N110	G01W-3.;	
N120	N2G01X50.;	
N130	G70P1Q2S800F0.1;	精车工件毛坯轮廓
N140	G00X100.;	快速退刀
N150	Z100.;	
N160	M30;	程序结束
N170		左端,翻转工件
N180	G99M03S500T0101F0.2;	主轴正转,500 mm/min 换刀到 1 号刀位进给量 F0.2
N190	G00X50.;	快速定位循环点
N200	Z2.;	
N210	G73U5.W5.R3;	粗车外圆
N220	G73P1Q2U0.5W0;	
N230	N1G00X44.;	粗车工件毛坯轮廓
N240	G01Z0.;	
N250	X48.Z-2.;	
N260	; Z-4.13;	
N270	G02X31.92Z-13.67R23.14.;	
N280	X35.56Z-16.5R2.;	
N290	G01X38.;	
N300	G03X42.48Z-20.11R2.5;	
N310	N2G01X50;	

续表

零件名称		
程序段号	FANUC 0*i* 系统程序	程序说明
N320	G70P1Q2F0.1S800;	精车工件毛坯轮廓
N330	G00X100.;	快速退刀
N340	Z100.;	
N350	M30;	程序结束

3. 仿真加工

（1）选择车床

单击菜单"机床"→"选择机床"选项，选择控制系统"FANUC 0*i*"和"车床"，车床类型选择"标准（平床身前置刀架）"，单击"确定"按钮。

（2）启动车床

按"启动"键，此时车床电机和伺服控制的指示灯变亮。

检查"急停"键是否松开，若未松开，按"急停"键，将其松开。

（3）回参考点

检查操作面板上回原点指示灯是否亮，若指示灯亮，则已进入回原点模式；若指示灯不亮，则单击"回原点"键，转入回原点模式。

在回原点模式下，先将 X 轴回原点，按操作面板上的"X 轴选择"键，使 X 轴方向移动指示灯变亮，按"正方向移动"键，此时 X 轴将回原点，X 轴回原点灯变亮。同样，再按"Z 轴选择"键，使指示灯变亮，单击"正方向移动"按钮 Z 轴将回原点，Z 轴回原点灯变亮。

（4）程序输入

（5）定义毛坯及装夹

打开菜单"零件/定义毛坯"或在工具条上选择 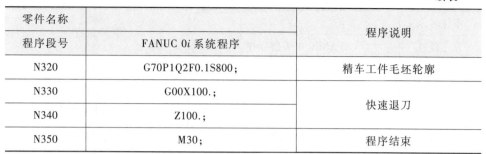。

打开菜单"零件/放置零件"命令或者在工具条上选择图标 ，系统弹出"选择零件操作"对话框。毛坯放上工作台后，系统将自动弹出一个小键盘，通过按动小键盘上的方向键，实现零件的平移和旋转。

（6）刀具的选择及安装

安装车刀的步骤及方法如下。

在"选择刀位"里单击所需的刀位。在这里选择 2 种刀具：外圆刀具 T1、切槽刀具 T2。

选择刀片类型：外圆刀具 T1 选择 刀片；切槽刀具 T2 选择 刀片。

选择刀柄类型。

确认操作完成，单击"确定"按钮。

（7）对刀操作

（8）自动加工

按操作面板上的"自动运行"按键,使其指示灯变亮 。

按操作面板上的"循环启动"按键,程序开始执行。

(9) 检测

1) 检测项目

① 检查走刀轨迹的正确性。

② 检查最终的零件形状是否正确。

③ 检查操作过程是否规范。

④ 检查零件的尺寸是否合格。

2) 检查方法

测量之前主轴应该停止转动,单击"测量"菜单,然后单击下拉菜单中的"剖面图测量",分别对相应的尺寸进行检测。

图 3-2-4　任务 2 仿真结果图

(10) 仿真结果

仿真结果如图 3-2-4 所示。

4. 实操加工

(1) 工件装夹

采用三爪自定心卡盘夹紧零件毛坯的外圆周面,夹持长度以 35 mm 左右为宜。

(2) 刀具选择

根据前述数控加工刀具卡片选用刀具,分别装夹到机床刀架上,T01 号刀位放置外圆车刀,T02 号刀位放置内孔刀。

(3) 零件加工

1) 电源接通

2) 返回参考点操作

3) 程序输入

4) 手动对刀

三把刀依次采用试切法对刀,通过对刀把操作得到的零偏值分别输入到各自长度补偿中。切断刀选取左侧刀尖为刀位点。

5) 程序校验

选择自动加工模式,打开程序,按空运行键及车床锁住功能开关,按循环启动键,观察程序运行情况;若按图形显示键再按循环启动键可进行加工轨迹仿真。空运行结束后使空运行键及车床锁住功能复位,车床重新回参考点。

6) 自动加工

选择 AUTO 自动加工模式,打开程序,调好进给倍率,按下循环启动键进行自动加工。

尺寸控制:外圆、长度尺寸通过设置刀具磨耗量及加工过程中试切、试测来保证。当程序运行到精车前停车测量,根据测量结果,把外圆车刀 X、Z 方向分别设置一定磨耗量,再运行精加工程序。精加工程序运行结束后停车测量,根据测量结果,修调 T01 号刀具磨耗量,继续运行精加工程序,直至达到尺寸要求为止。内孔加工与外圆加工方法相似。

圆弧通过编程时采用刀尖半径补偿指令等方法保证。

7）注意事项

① T01、T02 号刀具使用刀尖半径补偿,应输入刀尖半径值及刀尖位置号。

② 凹圆弧车刀副偏角必须足够大,保证车削时不发生干涉。

③ 切断刀对刀时应注意选好刀位点并与程序中刀位点一致。

④ 首件加工时采用试切、试测法控制尺寸,加工无误后可不用停车测量,程序中不用 M00、M05 指令,采用自动方式加工,直至刀具磨耗后修改刀具磨耗量。

⑤ 外圆车刀通过车端面进行对刀测试,其余刀具只能将刀位点移至工件右端面进行 Z 向对刀。

四、任务评价

按照表 3-2-4 评分标准进行评价。

表 3-2-4 评分标准

姓名			图号			开工时间	
班级			小组			结束时间	
序号	名称	检测项目	配分		评分标准	测量结果	得分
			IT	Ra			
1	成型套轴	$\phi48_{-0.039}^{0}$ mm、Ra1.6	15	10	超差不得分,达不到 Ra1.6 不得分		
2		$\phi25_{0}^{+0.025}$ mm、Ra3.2	15	5	超差不得分,达不到 Ra3.2 不得分		
3		$\phi32_{-0.02}^{0}$ mm、Ra3.2	20	5	超差不得分,达不到 Ra3.2 不得分		
4		39±0.05 mm	14		超差不得分		
5		$\phi24.5$ mm、R2、R2.5、5 mm、18 mm、27.5 mm、10 mm、D1	16		超差不得分		
合计			100				

五、拓展训练

独立完成如图 3-2-5 所示零件的加工。

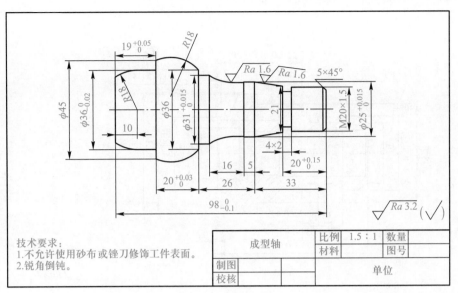

技术要求：
1. 不允许使用砂布或锉刀修饰工件表面。
2. 锐角倒钝。

成型轴		比例	1.5：1	数量	
		材料		图号	
制图			单位		
校核					

图 3-2-5　拓展训练零件图

综 合 任 务

一、任务描述

本次综合任务是完成火箭箭头和轴套的加工，零件如图 3-3-1、图 3-3-2 所示。

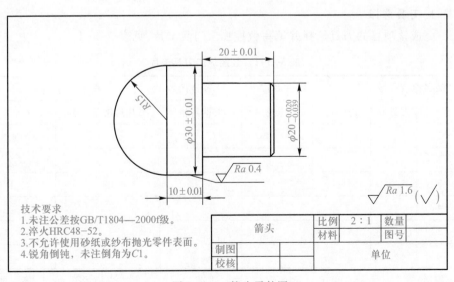

技术要求
1. 未注公差按GB/T1804—2000f级。
2. 淬火HRC48-52。
3. 不允许使用砂纸或纱布抛光零件表面。
4. 锐角倒钝，未注倒角为C1。

箭头		比例	2：1	数量	
		材料		图号	
制图			单位		
校核					

图 3-3-1　箭头零件图

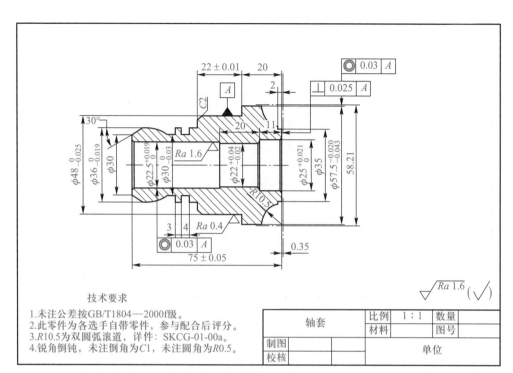

图 3-3-2 轴套零件图

二、任务实施

该项目主要为成型面加工,加工时要注意编程指令的正确选择,注意刀补的应用及粗精加工安排,并考虑轮廓表面的质量合理选择刀具、切削用量及进刀路线,请用所学指令完成该项目的刀具选择及加工工艺拟定并仿真、实操加工。

1. 刀具选择

完成该项目的刀具选择并填写数控加工刀具卡片,见表 3-3-1。

表 3-3-1 数控加工刀具卡片

产品名称或代号				零件名称		零件图号		程序编号	
序号	刀具号	刀具名称	刀杆规格	刀柄规格		刀片规格及材料			备注
1									
2									
3									
4									
5									
6									
编制		审核		批准			共 页		第 页

综合任务

2. 加工工艺制定

完成该项目的加工工艺制定并填写数控加工工艺卡片,见表3-3-2。

表3-3-2 数控加工工艺卡片

单位名称		产品名称或代号		零件名称		零件图号	
工序号	程序编号	夹具名称		使用设备		车间	
工步	工步内容	刀具号	刀具名称	主轴转速/$(r \cdot min^{-1})$	进给速度/$(mm \cdot r^{-1})$	背吃刀量/mm	备注
1							
2							
3							
4							
5							
6							
编制		审核		批准		日期	

3. 编制加工程序

4. 完成仿真和实操加工

三、任务评价

按照如表3-3-3所示的评分标准进行评价。

表3-3-3 箭头评分标准

姓名			图号			开工时间		
班级			小组			结束时间		
序号	名称	检测项目	配分		评分标准	测量结果	得分	
			IT	Ra				
1	顶帽	$\phi30\pm0.01$ mm、$Ra1.6$	15	10	超差不得分,达不到$Ra1.6$不得分			
2		$\phi20_{-0.039}^{-0.02}$ mm、$Ra1.6$	20	10	超差不得分,达不到$Ra1.6$不得分			
3		圆弧面$R15$	15	5	超差不得分			
4		20 ± 0.01 mm	15		超差不得分			
5		10 ± 0.01 mm	10		不符合要求不得分			
	合计		100					

项目四

螺纹加工

一、任务描述

本任务为完成如图 4-1-1 所示零件的加工。

该零件为典型的外螺纹加工类型,主要要求掌握车削加工进、退刀路线的安排以及多刀切削时每次进刀深度的设置,编程指令 G92、G32 的应用。

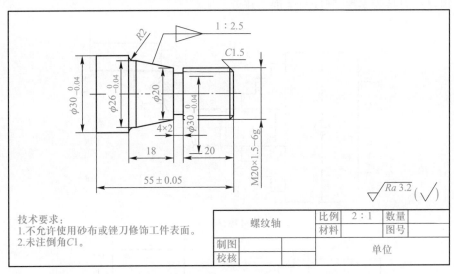

	螺纹轴	比例	2：1	数量	
		材料		图号	
制图			单位		
校核					

技术要求:
1.不允许使用砂布或锉刀修饰工件表面。
2.未注倒角C1。

图 4-1-1　任务 1 零件图

二、相关理论

1.螺纹加工概念及加工工艺

（1）螺纹加工简述

螺纹加工是在圆柱上加工出特殊形状螺旋槽的过程,螺纹常见的用途是连接紧固、传递运动等。螺纹常见的加工方法有:滚丝或螺纹成型、攻丝、铣削螺纹、车削螺纹等。CNC 车床可加工出高质量的螺纹,本节主要学习用 CNC 车床车削螺纹的工艺编程方法。

　　车削螺纹加工是在车床上,控制进给运动与主轴旋转同步,加工特殊形状螺旋槽的过程,如图4-1-2所示。螺纹形状主要由切削刀具的形状和安装位置决定。螺纹导程由刀具进给量决定。

　　CNC编程加工最多的是普通螺纹,普通螺纹分粗牙普通螺纹和细牙普通螺纹。螺纹牙形为三角形,牙形角为60°。粗牙普通螺纹的螺距是标准螺距,其代号用字母"M"及公称直径表示,如M16、M12等。细牙普通螺纹代号用字母"M"及公称直径×螺距表示,如 M24×1.5、M27×2 等。

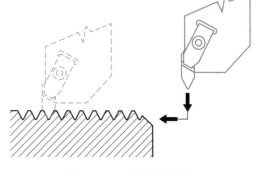

图4-1-2　车削螺纹加工

　　(2) 螺纹加工刀具

　　普通螺纹加工刀具刀尖角通常为60°,螺纹车刀片的形状跟螺纹牙形一样,螺纹刀切削不仅用于切削,而且使螺纹成型。

　　机夹式螺纹车刀如图4-1-3所示,分为外螺纹车刀和内螺纹车刀两种。可转位螺纹车刀是弱支撑,刚度与强度均较差。

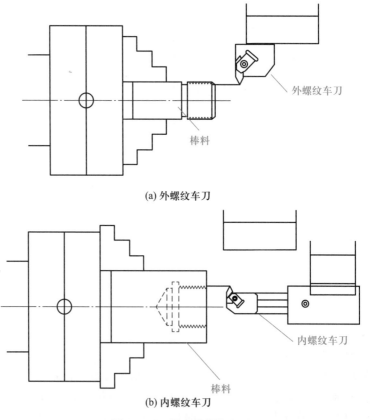

(a) 外螺纹车刀

(b) 内螺纹车刀

图4-1-3　机夹式螺纹车刀

车削螺纹时,为了保证牙形正确,对安装螺纹车刀提出了较严格的要求。装夹外螺纹车刀时,刀尖应与主轴线等高(可根据尾座顶尖高度检查)。当高速车削螺纹时,为防止振动和"扎刀",其硬质合金车刀的刀尖应略高于车床主轴轴线 0.1~0.3 mm。车刀刀尖角的对称中心线必须与工件轴线垂直,装刀时可用样板来对刀。刀头伸出长度一般不要过长,约为刀杆厚度的 1~1.5 倍。内螺纹车刀的刀头加上刀杆后的径向长度应比螺纹底孔直径小 3~5 mm,以免退刀时碰伤牙顶。

(3)螺纹加工过程

一个螺纹的车削需要多次切削加工而成,每次切削逐渐增加螺纹深度,否则,刀具寿命会比预期的短得多。为实现多次切削的目的,车床主轴必须恒定转速旋转,且必须与进给运动保持同步,保证每次刀具切削开始位置相同,保证每次切削深度都在螺纹圆柱的同一位置上,最后一次走刀加工出适当的螺纹尺寸、形状、表面质量和公差,并得到合格的螺纹。

编程中,每次螺纹加工走刀至少有 4 次基本运动(直螺纹),如图 4-1-4 所示。

运动 1:将刀具从起始位置 X 向快速(G00 方式)移动至螺纹计划切削深度处。

运动 2:轴向螺纹加工(进给率等于螺距)。

运动 3:刀具 X 向快速(G00 方式)退刀至螺纹加工区域外的 X 向位置。

运动 4:快速(G00 方式)返回至起始位置。

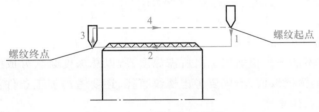

图 4-1-4　螺纹加工路线

(4)螺纹加工工艺事项

1)螺纹切削起始位置

螺纹切削起始位置,既是螺纹加工的起点,又是最终返回点,必须定义在工件外,但又必须靠近它。X 轴方向每侧比较合适的最小间隙大约为 2.5 mm,粗牙螺纹的间隙更大一些。

Z 轴方向的间隙需要一些特殊考虑。在螺纹刀接触材料之前,其速度必须达到 100% 编程进给率。由于螺纹加工的进给量等于螺纹导程,所以需要一定的时间达到编程进给率。如同汽车在达到正常行驶速度之前需要时间来加速一样,螺纹刀在接触材料前也必须达到指定的进给率。确定前端安全间隙量时必须考虑加速的影响,故必须设置合理的导入距离,导入距离一般为螺纹导程长度的 3~4 倍。同理,螺纹切削结束前,存在减速问题,故必须设置合理的导出距离。

在某些情况下,由于没有足够空间而必须减小 Z 轴间隙,唯一的补救办法就是降低主轴转速(r/min)——不要降低进给率。

2)螺纹退刀

为了避免损坏螺纹,刀具沿 Z 轴运动到螺纹末端时,必须立即离开工件。退刀运动有两种形式:沿一根轴方向直线离开(通常沿 X 轴),或沿两根轴方向斜线离开(沿 X、Z 轴同时运动),如图 4-1-5 所示。

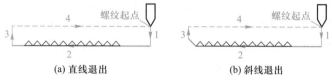

(a) 直线退出　　　　　　(b) 斜线退出

图 4-1-5　螺纹退刀

通常如果刀具在比较开阔的地方结束加工,例如退刀槽或凹槽,那么可以使用直线退出,车螺纹 Z 向终点位置一般选在退刀槽的中点,使用快速运动 G00 指令编写直线退出动作,如:

N63 G32 Z-20. F2.;(螺纹加工程序)

N64 G00 X50.;

如果刀具结束加工的地方并不开阔,那么最好选择斜线退出。斜线退出运动可以加工出更高质量的螺纹,也能延长螺纹刀片的使用寿命。斜线退出时,螺纹加工 G 代码和进给率必须有效。退出的长度通常为导程,推荐使用角度为 45°,退出程序如下:

……

N63 G32 Z-20. F2.;(螺纹加工程序)

N64 U4. W2.;　　(斜线退出,螺纹加工状态)

N65 G00 X50.;　　(快速退出)

3)螺纹加工直径和深度

由于螺纹不能一次切削加工出所需深度,所以总深度必须分成一系列可操控的深度,每次的深度取值,不仅要考虑螺纹直径,还要考虑加工条件:刀具类型、材料以及安装的总体刚度。

螺纹加工中随着切削深度的增加,刀片上的切削载荷越来越大,对螺纹、刀具或两者的损坏可以通过保持刀片上的恒定切削载荷来避免。要保持恒定切削载荷,一种方法就是逐渐减少螺纹加工深度。每次的切削深度可通过表 4-1-1 进行选择。

表 4-1-1　公制螺纹加工切削用量选择参照表

螺距/mm		1.0	1.5	2.0	2.5	3.0	3.5	4.0
牙深/mm		0.649	0.974	1.299	1.624	1.949	2.273	2.598
切削次数及对应背吃刀量/mm	1 次	0.7	0.8	0.9	1.0	1.2	1.5	1.5
	2 次	0.4	0.6	0.6	0.7	0.7	0.7	0.8
	3 次	0.2	0.4	0.6	0.6	0.6	0.6	0.6
	4 次		0.16	0.4	0.4	0.4	0.6	0.6
	5 次			0.1	0.4	0.4	0.4	0.4
	6 次				0.15	0.4	0.4	0.4
	7 次					0.2	0.2	0.4
	8 次						0.15	0.3
	9 次							0.2

说明:当然,螺纹切削的进给次数与背吃刀量也需根据不同的加工材质和刀具质量自定选取,但一定要遵循逐渐递减的原则。

车三角形外螺纹时,由于受车刀挤压会使螺纹大径尺寸胀大,所以车螺纹前大径一般应车得比基本尺寸小约 0.1P,P 为被加工螺纹螺距(mm)。车削三角形内螺纹时,内孔直径会缩小,所以车削内螺纹前的孔径要比内螺纹小径略大些,可采用下列近似公式计算:

车外螺纹前外圆直径=公称直径 $d-0.1P$

车削塑性金属的内螺纹底孔直径≈公称直径 $d-P$

车削脆性金属的内螺纹底孔直径≈公称直径 $d-1.05P$

4) 主轴转速以及进给率

螺纹加工时将以特定的进给量切削,进给量与螺纹导程相同。CNC 在螺纹加工模式下控制主轴转速与螺纹加工进给同步运行。螺纹加工是典型高进给率加工,比如加工导程为 3 mm 的螺纹,进给量则是 3 mm/r。

螺纹加工的主轴转速直接使用恒定转速(r/min)编程,而绝不是恒线速度(CSS),这就意味着准备功能 G97 必须与地址字 S 一起使用来指定每分钟旋转次数,例如"G97 S500 M03",表示主轴转速为 500 r/min。那么如果加工导程为 3 mm 的螺纹,其进给速度计算如下:

$$f=700 \text{ r/min}×3 \text{ mm/r}=2\ 100 \text{ mm/min}$$

当然,主轴的转速选择也不是唯一的。当使用一些高档刀具切削螺纹时,其主轴转速可以按照线速度 200 m/min 选取(前提是数控系统能够支持高速螺纹加工操作,一般经济型车床在高速加工螺纹时会造成"乱牙"现象)。为保证正确加工螺纹,在螺纹切削过程中,主轴速度倍率功能失效,进给速度倍率无效。

2. 车削螺纹时常见故障及解决方法

车削螺纹时,由于各种原因,造成加工时在某一环节出现问题,引起车削螺纹时产生故障,影响正常生产,这时应及时加以解决。车削螺纹时常见故障及解决方法如下。

(1) 车刀安装得过高或过低

车刀安装过高,则吃刀到一定深度时,车刀的后刀面顶住工件,增大摩擦力,甚至把工件顶弯;过低,则切屑不易排出,车刀径向力的方向是工件中心,致使吃刀深度不断自动趋向加深,从而把工件抬起,出现啃刀。此时,应及时调整车刀高度,使其刀尖与工件的轴线等高。在粗车和半精车时,刀尖位置比工件的中心高出 $1\%d$ 左右(d 表示被加工工件直径)。

(2) 工件装夹不牢

工件夹装时伸出过长或本身的刚性不能承受车削时的切削力,会产生过大的挠度,改变车刀与工件的中心高度(工件被抬高了),形成切削深度突增,出现啃刀。此时应把工件装夹牢固,可使用尾座顶尖等,以增加工件刚性。

(3) 牙形不正确

车刀在安装时不正确,没有采用螺纹样板对刀,刀尖产生倾斜,造成螺纹的半角误差。另外,车刀刃磨时刀尖角测量有误差,产生不正确牙形,或是车刀磨损,引起切削力增大,顶弯工件,出现啃刀。此时应对车刀加以修磨,或更换新的刀片。

（4）刀片与螺距不符

采用定螺距刀片加工螺纹时,刀片加工范围与工件实际螺距不符,也会造成牙形不正确甚至发生撞刀事故。

（5）乱牙现象

切削线速度过高,进给伺服系统无法快速地响应,造成乱牙现象发生。因此,一定要了解车床的加工性能,而不能盲目地追求"高速、高效"加工。

（6）螺纹表面粗糙

螺纹表面粗糙的原因是车刀刃口磨得不光洁,切削液不适当,切削参数和工件材料不匹配,以及系统刚性不足切削过程产生振动等。应正确修整砂轮或用油石精研刀具(或更换刀片);选择适当切削速度和切削液;调整车床滚珠丝杠间隙,保证各导轨间隙的准确性,防止切削时产生振动。另外,在高速切削螺纹时,切屑厚度太小或切屑斜方向排出等原因会造成拉毛已加工表面。一般在高速切削螺纹时,最后一刀切削厚度要大于 0.1 mm,切屑要垂直于轴心线方向排出。对于刀杆刚性不够,切削时引起振动造成的螺纹表面粗糙,可以减小刀杆伸出量,稍降低切削速度。

3. G32 螺纹切削指令

G32 是 FANUC 控制系统中最简单的螺纹加工代码,该螺纹加工运动期间,控制系统自动使进给率倍率无效。

（1）格式

指令格式:

G32 X(U) ___ Z(W) ___ F ___;

$X(U)$、$Z(W)$——螺纹切削的终点坐标值,X 省略时为圆柱螺纹切削,Z 省略时为端面螺纹切削,X、Z 均不省略时为锥螺纹切削。

F——螺纹导程。

螺纹切削应注意在两端设置足够的升速进刀段 δ_1 和降速退刀段 δ_2,如图 4-1-6 所示。

（2）应用技巧

① 在车螺纹期间进给速度倍率、主轴速度倍率无效(固定 100%)。

② 车螺纹期间不要使用恒表面切削速度控制,而要使用 G97。

③ 车螺纹时,必须设置升速进刀段 δ_1 和降速退刀段 δ_2,这样可避免因车刀升、降速而影响螺距的稳定,一般取这两段为 2~4 mm。

④ 因受车床结构及数控系统的影响,车螺纹时主轴的转速有一定的限制,一般取为 300 r/min。

⑤ 螺纹加工中的走刀次数和进刀量(背吃刀量)会直接影响螺纹的加工质量,车削螺纹时的走刀次数和背吃刀量可参考如表 4-1-1 所示参数。

（3）编程举例

编制如图 4-1-7 所示螺纹加工程序。

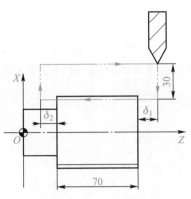

图 4-1-6　圆柱螺纹切削

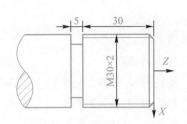

图 4-1-7　G32 指令举例

查表 4-1-1,螺距为 2 时,分了 5 刀切削,每刀切削终点的 X 坐标为:

$X_1 = 30-0.9 = 29.1$　　$X_2 = 29.1-0.6 = 28.5$　　$X_3 = 28.5-0.6 = 27.9$

$X_4 = 27.9-0.4 = 27.5$　　$X_5 = 27.4-0.1 = 27.3$　　取升、减速段为 2 mm。

参考程序如下:

```
O0001;
N10 M03 S300 T0303;
N20 G00 X32.0 Z2.0;              (定位起点)
N30    X29.1;                   (进到第 1 刀螺纹的位置)
N40 G32 X29.1 Z-32.0  F2.0;     (第 1 刀切螺纹)
N50 G00 X32.0;                  (退刀)
N60    Z2.0;                    (返回起点)
N65    X28.5;                   (进到第 2 刀螺纹的位置)
N70 G32 X28.5 Z-32.0 F2.0;      (第 2 刀切螺纹)
N80 G00 X32.0;                  (退刀)
N90    Z2.0;                    (返回起点)
N100    X27.9;                  (进到第 3 刀螺纹的位置)
N110 G32 X27.9 Z-32.0 F2.0;     (第 3 刀切螺纹)
N120 G00 X32.0;
N120 Z2.0;
N130 X27.5;
N140 G32 X27.5 Z-32.0 F2.0;     (第 4 刀切螺纹)
N150 G00 X32.0;
N160    Z2.0;
N170 X27.3;
N180 G32 X27.3 Z-32.0 F2.0;     (第 5 刀切螺纹)
N190 G00 X100.0 Z100.0;         (回换刀点)
N200 M05;
N210 M30;
```

从程序可以看出,进、退刀都要与 G00/G01 配合使用,所以编的程序很冗长。

视频

螺纹切削单
一固定循环
指令 G92

动画

G92

4. 螺纹切削单一固定循环 G92

由程序 O0001 可见,用 G32 编写螺纹多次分层切削程序是比较繁琐的,每一层切削要 5 个程序段,多次分层切削程序中包含大量重复的信息。FANUC 系统可用 G92 指令的一个程序段代替每一层螺纹切削的 5 个程序段,可避免重复信息的书写,方便编程。

（1）格式

命令格式：

圆柱螺纹　G92 X(U) __ Z(W) __ F __;

圆锥螺纹　G92 X(U) __ Z(W) __ R __ F __;

X、Z——螺纹终点坐标值。

U、W——螺纹终点相对于起点的坐标。

R——螺纹起点与螺纹终点的半径之差。

F——螺纹导程。

G92 指令用于圆柱螺纹、圆锥螺纹的切削循环,走刀路线如图 4-1-8 所示。

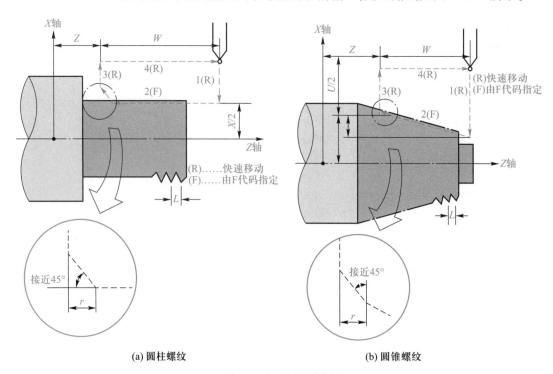

(a) 圆柱螺纹　　　　　　　　　**(b) 圆锥螺纹**

图 4-1-8　走刀路线图

（2）应用技巧

1）在使用 G92 指令前,只需把刀具定位到一个合适的起点位置（X 方向处于退刀位置）,执行 G92 时系统会自动把刀具定位到所需的切深位置。而 G32 则不行,起点位置的 X 方向必须处于切入位置。

2）切削圆锥螺纹时,当 X 向切削起点坐标小于终点坐标,R 为负,反之为正。

（3）编程举例

如图 4-1-8 所示工件，改用 G92 指令则参考程序如下：

```
O0002;
N10 M03 S300 T0303;
N20 G00 X32.0 Z2.0;          （定位起点）
N30     X29.1;               （进到第 1 刀螺纹的位置）
N40 G92 X29.1 Z-32.0   F2.0;  （第 1 刀切螺纹）
N50     X28.5;               （第 2 刀切螺纹）
N60     X27.9;               （第 3 刀切螺纹）
N70     X27.5;               （第 4 刀切螺纹）
N80     X27.3;               （第 5 刀切螺纹）
N90     G00 X100.0 Z100.0;    （回换刀点）
N100    M05;                 （主轴停）
N110    M30;                 （程序结束并复位）
```

三、任务实施

1. 工艺分析

（1）零件加工内容及结构分析

该零件属于螺纹小轴，材料 45 号钢，毛坯直径一般可选择比 $\phi30$ mm 大的棒料，如 $\phi32$ mm。坯料长度可选择大于零件长度 5~10 mm，如 60 mm、65 mm 等均可。生产类型为单件，主要加工内容为 $\phi30$ mm 圆柱面、1：2.5 圆锥面，4 mm×2 mm 退刀槽、M20×1.5 mm 外螺纹。

（2）精度分析

1）尺寸精度分析：该零件对 $\phi30$ mm 外圆直径、长度为 55 mm 分别提出了相应的尺寸精度要求，其尺寸公差分别为 0.04 mm、0.05 mm，加工时应注意其精度控制。其他尺寸没有具体的精度要求，加工时只需要满足自由尺寸公差要求即可。

2）形位公差分析：该零件无具体形位公差要求，加工、测量时无需考虑特殊要求，满足零件的一般使用性能即可。

3）表面粗糙度分析：该零件对所有表面的表面粗糙度相对要求较低（$Ra3.2$）。

（3）零件装夹分析

该零件因无形位公差要求，故零件装夹较为简单，可以以工件 $\phi32$ mm 毛坯圆柱面为装夹面，采用三爪自定心卡盘软爪装夹。

（4）工件坐标系分析

因该零件属于典型的数控车床加工类零件，故其工件坐标系按照常规方式设置即可，即工件坐标系的原点设置在 M20×1.5 mm 外螺纹端面与工件轴线交点处。

（5）加工顺序及进给路线分析

根据螺纹加工的特点，加工顺序可按由粗到精、由右到左的原则进行，即先从右向左进行粗车外轮廓（留出精加工余量），然后从右向左进行精车，如图 4-1-9 所示，直至加工合格。数控加工路线安排：0→1→2→3→4→5→6→7→8→9。

视频
三角形螺纹
的加工

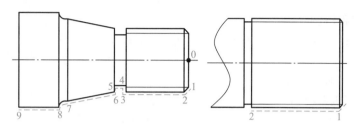

图 4-1-9　精加工走刀路线

（6）加工刀具分析

加工需采用粗、精加工刀具，以保证工件表面质量。螺纹车刀选择螺距为 1.5 mm 的螺纹刀片，切槽刀可选择刀宽为 4 mm 的刀片。数控加工刀具卡片见表 4-1-2。

表 4-1-2　数控加工刀具卡片

零件名称		螺纹小轴		零件图号		
刀具号	刀具名称	刀具规格	加工内容	刀尖半径	刀尖方位号	备注
T01	粗、精车外圆车刀	$K_r = 93°$	加工外轮廓	$R0.4$	3	
T02	切断刀	$B = 4$	切槽、切断		8	
T03	外螺纹车刀	$60°$	切削外螺纹	1.5	8	

（7）切削用量选择

1）切削深度选择

按照从外向内递减方式安排。

2）主轴转速选择

螺纹粗、精车切削速度选 500 r/min。加工螺纹时，因数控车床传动链的改变，原则上其转速只要能保证主轴每转一周时，刀具沿主进给轴（多为 Z 轴）方向位移一个螺距即可。

在车削螺纹时，车床的主轴转速将受到螺纹的螺距 P（或导程）的大小、驱动电机的升降频特性以及螺纹插补运算速度等多种因素影响，故对于不同的数控系统，推荐不同的主轴转速选择范围。大多数经济型数控车床推荐车螺纹时的主轴转速 n（r/min）为：

$$n \leqslant (1\,200/P) - k;$$

该公式中，P——被加工螺纹螺距（mm）。

k——保险系数，一般取为 80。

数控车床车螺纹时，会受到以下几方面的影响。

① 螺纹加工程序段中指令的螺距值，相当于以进给量 f（mm/r）表示的进给速度 v_f。如果将车床的主轴转速选择过高，其换算后的进给速度 v_f（mm/min）则必定大大超过正常值。

② 刀具在其位移过程的始终，都将受到伺服驱动系统升降频率和数控装置插补运算速度的约束，由于升降频率特性满足不了加工需要等原因，则可能因主进给

运动产生出的"超前"和"滞后"而导致部分螺牙的螺距不符合要求。

③ 车削螺纹必须通过主轴的同步运行功能而实现,即车削螺纹需要有主轴脉冲发生器(编码器),当其主轴转速选择过高,通过编码器发出的定位脉冲(即主轴每转一周时所发出的一个基准脉冲信号)将可能因"过冲"(特别是当编码器的质量不稳定时)而导致工件螺纹产生乱纹(俗称"乱扣")。

3)进给量选择

根据加工实际情况,确定适当的值即可。

(8)建议采取工艺措施

加工前应该计算螺纹的大径和小径尺寸,以控制粗加工的加工次数和每次背吃刀量。

数控加工工艺卡片见表 4-1-3。

表 4-1-3　数控加工工艺卡片

零件名称	螺纹小轴	零件图号		使用设备	FANUC 0i	夹具名称	三爪自定心卡盘	
工序号	名称	工步号	工步内容	刀具号	主轴转速 $n/(\text{r}\cdot\text{min}^{-1})$	进给速度 $f/(\text{mm}\cdot\text{r}^{-1})$	切削深度 a_p/mm	备注
1	下料	$\phi32$ mm×60 mm(45 号钢)						
2	数控车床	1	粗车左端面、$\phi32$ mm 外圆	T01	500	0.2	2	
		2	精车左端面、$\phi32$ mm 外圆	T01	800	0.1	0.5	
		3	掉头					
		4	粗车右端面、外轮廓,控制总长	T01	500	0.2	2	
		5	精车外轮廓	T01	800	0.1	0.5	
		6	切槽 4 mm×2 mm	T02	300~500	0.05	5	
			粗车螺纹	T03	500	1.5		
			精车螺纹	T03	500	1.5		

2. 程序编制

程序编制见表 4-1-4。

表 4-1-4　程序编制

零件名称		程序说明
程序段号	FANUC 0i 系统程序	
	O0001	外圆程序

续表

零件名称		程序说明
程序段号	FANUC 0i 系统程序	程序说明
N10	G99F0.2M03S500T0101；	主轴以 500 r/min 调用 1 号刀位刀补
N20	G00X32.Z2.；	定刀点
N30	G71U2.R1.；	外轮廓粗车
N40	G71P1Q2U0.5W0F0.2；	外轮廓粗车
N50	N1G00X17.；	外轮廓程序段
N60	G01Z0.	外轮廓程序段
N70	X20Z-1.5；	外轮廓程序段
N80	Z-24.；	外轮廓程序段
N90	X26.W-16.；	外轮廓程序段
N100	G02X30.W-2.R2.；	外轮廓程序段
N110	G01Z-55.；	外轮廓程序段
N120	N2X32.；	外轮廓程序段
N130	G70P1Q2S800F0.1；	外轮廓精车
N140	G00X100.；	退刀
N150	Z100.；	退刀
N160	M30；	结束
	O0002	外轮廓沟槽
N10	G99F0.2M03S500T0202；	主轴以 500 r/min 调用 2 号刀位刀补
N20	G00X32.Z2.；	定刀
N30	G01X22.Z-24.；	切沟槽
N40	X16.F0.1；	切沟槽
N50	G00X100.；	退刀
N60	Z100.；	退刀
N70	M30；	结束
	O0003	外螺纹加工
N10	M03S500T0303；	主轴以 500 r/min 调用 3 号刀位刀补
N20	G00X25.Z3.；	定刀
N30	G92X19.5Z-21.F1.5；	外螺纹程序段
N40	X19.Z-21.F1.5；	外螺纹程序段
N50	X18.5Z-21.F1.5；	外螺纹程序段

零件名称		程序说明
程序段号	FANUC 0i 系统程序	
N60	X18.2Z-21.F1.5;	外螺纹程序段
N70	X18.05Z-21.F1.5;	
N80	X18.05Z-21.F1.5;	
N90	G00X100.Z100.;	退刀
N100	M30;	结束

3. 仿真加工

（1）选择车床

单击菜单"机床"→"选择机床"选项，选择控制系统"FANUC 0i"和"车床"，车床类型选择"标准（平床身前置刀架）"，单击"确定"按钮。

（2）启动车床

（3）回参考点

（4）程序输入

（5）定义毛坯及装夹

（6）刀具的选择及安装

安装车刀的步骤及方法如下。

在"选择刀位"里单击所需的刀位。在这里选择 3 种刀具：外圆刀具 T01、切槽刀具 T02、螺纹刀具 T03。

选择刀片类型：外圆刀具 T01 选择 △ 刀片；切槽刀具 T02 选择 ▮ 刀片；螺纹刀具 T03 选择 ◇ 刀片。

选择刀柄类型。

确认操作完成，单击"确定"按钮。

（7）对刀操作

（8）自动加工

（9）检测

（10）仿真结果

仿真结果如图 4-1-10 所示。

图 4-1-10   任务 1 仿真结果图

4. 实操加工

（1）工件装夹

采用三爪自定心卡盘夹紧零件毛坯的外圆周面，保证卡盘外悬伸 45～50 mm。

（2）刀具选择

根据前述数控加工刀具卡片选用刀具，外圆车刀、4 mm 宽的切断刀以及外螺纹车刀分别装夹到机床刀架上，T01 号刀位放置外圆车刀，T02 号刀位放置切断刀，T03 号刀位放置外螺纹车刀。

（3）零件加工

1）电源接通

2）返回参考点操作

3）程序输入

4）手动对刀

刀具依次采用试切法对刀,通过对刀把操作得到的零偏值分别输入到各自长度补偿中,加工时调用。其中外螺纹车刀取刀尖为刀位点,对刀步骤如下。

① X 向对刀。主轴正转,移动外螺纹车刀,使刀尖轻轻碰至工件外圆面(可以取外圆车刀试车削的外圆表面)或车一段外圆面,Z 方向退出刀具;停车,测量外圆直径,如图 4-1-11(a)所示。然后进行面板操作,面板操作步骤同其他车刀对刀步骤。

② Z 向对刀。主轴停止转动,使外螺纹车刀刀尖与工件右端面对齐,采用目测法或借助于直尺对齐,如图 4-1-11(b)所示。然后进行面板操作,面板操作步骤同其他刀具对刀步骤。

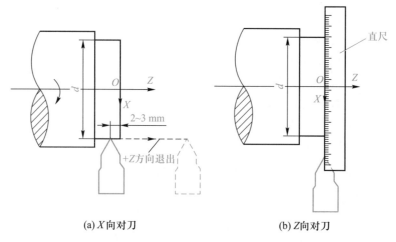

(a)X向对刀   (b)Z向对刀

图 4-1-11 对刀方法图

5）程序校验

对输入的程序进行空运行或轨迹仿真,以检测程序是否正确。

6）自动加工

选择自动加工模式,打开程序,调好进给倍率,按数控启动键,进行自动加工,加工过程中尺寸控制如下。

外圆及长度尺寸控制同前面任务。

螺纹尺寸控制是将螺纹车刀设置一定磨耗量,当螺纹加工程序段结束后,停车用螺纹环规测量,根据螺纹旋合松紧程度调小刀具磨耗量,重新运行螺纹加工程序段,直至尺寸符合要求为止(一般螺纹通规能通过,止规通不过为合格)。

7）注意事项

① 螺纹切削时必须采用专用的螺纹车刀,螺纹车刀角度的选取由螺纹牙形确定。

② 螺纹车刀安装时,刀尖应与工件旋转中心等高,刀两侧刃角平分线必须垂直于工件轴线,否则车出的螺纹牙形会往一边倾斜。

③ 螺纹加工期间应保持主轴倍率不变。

④ 空刀退出量设置不能过大,预防螺纹车刀退出时撞到台阶面。

⑤ 首次切削尽可能采用单段加工,熟练以后再采用自动加工方式。

四、任务评价

按照如表 4-1-5 所示评分标准进行评价。

表 4-1-5　评 分 标 准

姓名			图号			开工时间	
班级			小组			结束时间	
序号	名称	检测项目	配分		评分标准	测量结果	得分
			IT	Ra			
1	外螺纹件	$\phi 30_{-0.04}^{0}$ mm、Ra3.2	15	10	超差不得分,达不到 Ra3.2 不得分		
2		$\phi 26_{-0.04}^{0}$ mm、Ra3.2	15	10	超差不得分,达不到 Ra3.2 不得分		
3		M20×1.5-6g	12	20	不符合要求不得分		
4		55±0.05 mm	12	10	超差不得分		
5		18 mm、20 mm、4×2 mm	15	20	不符合要求不得分		
6		C1.5、R2	8	15	不符合要求不得分		
		锥度 1∶2.5	8	15	不符合要求不得分		
合计			100				

五、拓展训练

提供五组内螺纹工件,分发到各个训练小组,要求测绘并配出相应的螺纹轴,然后用螺纹量规检测所做工件是否合格。

任务 2　内螺纹加工

一、任务描述

本任务为完成如图 4-2-1 所示零件的加工。

该零件为典型的内螺纹加工类型,主要要求掌握车削加工进、退刀路线的安排以及多刀切削时每次进刀深度的设置,编程指令 G92、G76 的应用。

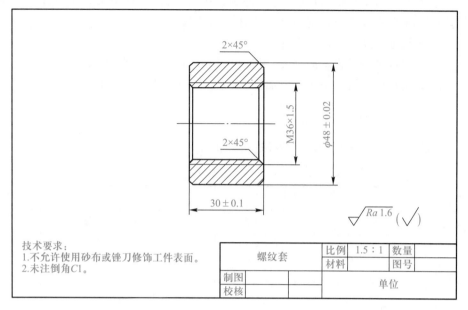

图 4-2-1　任务 2 零件图

二、相关理论

1. 螺纹切削复合循环 G76

用于对圆柱内外螺纹和锥螺纹的米制、英制螺纹的加工及大螺距普通螺纹和采用斜进法和分层切削法的梯形螺纹的加工。

（1）命令格式

G00X＿Z＿；

G76 P$(m)(r)(a)$ Q(Δd_{min}) R(d)；

G76 X(U)＿Z(W)＿R(i)＿P(k)＿Q(Δd)＿F(f)＿；

X、Z——循环起点的坐标。

m——加工重复次数（1~99）。

r——倒角量（螺纹终端 00~99），一个倒角量 0.11 个导程。

a——刀尖角度，可以选择 80°、60°、55°、30°、29° 和 0° 中的一种。

Δd_{min}——最小切削用量（半径值），单位：μm。

d——精加工余量，单位：mm。

x——螺纹底径，单位：mm。

z——螺纹长度，单位：mm。

i——螺纹大小端半径差，单位：μm。

k——螺纹深度（半径值）（$k=0.649\ 5P$）单位：μm。

Δd——第一刀切削深度（半径值），单位：μm。

F——螺纹导程。

走刀路线如图 4-2-2 所示。

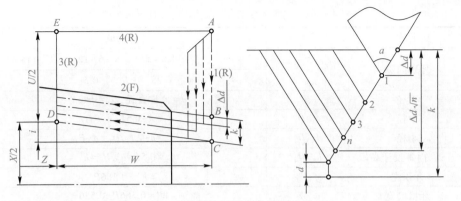

图 4-2-2　G76 螺纹切削复合循环与进刀法

（2）应用技巧

1）螺纹的进退刀方向由 $A{\rightarrow}B$ 路径决定，特别注意循环起点的确定，此点坐标值应设在切削实体外。

2）螺纹首次切深值（Δd）要选择合理，此值将影响以后每次的切深值大小，并影响切削效率。

3）在 FANUC 系统中，G76 指令段中地址"P""Q""R（d）"均需脉冲输入，"R（i）"为小数点输入；

4）G76 切削螺纹的方式为斜进法，可切削导程较大的螺纹。

5）G76 中"R（i）"值的确定同 G92。

6）加工梯形螺纹时使用单独的程序较合适，以便于修改 Z 向刀具偏置后重新进行 G76 加工。

7）在执行 G76 循环时，如按下循环暂停键，则刀具在螺纹切削后的程序段暂停。

8）G76 指令为非模态指令，所以必须每次指定。

9）在执行 G76 时，如要进行手动操作，刀具应返回到循环操作停止的位置。如果没有返回到循环操作停止的位置就重新启动循环操作，手动操作的位移将叠加在该条程序段停止时的位置上，刀具轨迹就多移动了一个手动操作的位移量。

2. 梯形螺纹的尺寸计算

梯形螺纹的代号用字母"Tr"及公称直径"x"导程表示，单位均为 mm。左旋螺纹需在其标记的末尾处加注"LH"，右旋则不用标注。例如 Tr36×12，Tr44×8 LH 等。

国标规定，公制梯形螺纹的牙形角为 30°。梯形螺纹的牙形如图 4-2-3 所示，各基本尺寸见表 4-2-1。

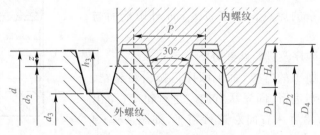

图 4-2-3　梯形螺纹的牙形

表 4-2-1 梯形螺纹各部分名称、代号及计算公式

名称	代号	计算公式			
牙顶间隙	a_c	P	1.5~5	6~12	14~44
		a_c	0.25	0.5	1
大径	d、D_4	$d=$公称直径,$D_4=d+2a_c$			
中径	d_2、D_2	$d_2=d-0.5P,d_2=D_2$			
小径	d_3、D_1	$d_3=d-2h_3,D_1=d-P$			
外、内螺纹牙高	h_3、H_4	$h_3=0.5P+a_c,H_4=h_3$			
牙顶宽	f、F'	$f=F'=0.366P$			
牙槽底宽	w、W'	$w=W'=0.366P-0.536a_c$			
牙顶高	Z	$Z=0.25P$			

三、任务实施

1. 工艺分析

（1）零件加工内容及结构分析

该零件属于螺纹套,材料 45 号钢,毛坯直径一般可选择比 $\phi48$ mm 大的棒料,如 $\phi50$ mm,坯料长度可选择大于零件长度 30~50 mm,如 60~80 mm 等均可。生产类型为单件,零件加工要求不高,但加工内容较为丰富,既有内螺纹加工又有外圆加工。加工内容有 M36×1.5 mm 内螺纹、$\phi48$ mm 外圆表面。

（2）精度分析

1）尺寸精度分析:该零件为螺纹套类零件,重要部位为内螺纹加工,螺纹公差未标注,采用默认的公差等级 6 级。其次,该零件对 $\phi48$ mm 外圆直径提出了较高的尺寸精度要求,其尺寸公差为 0.02 mm,加工时应注意其精度控制。其他尺寸没有具体的精度要求,加工时只需要满足自由尺寸公差要求即可。

2）形位公差分析:该零件无具体形位公差要求,但从零件的功能性分析,内外螺纹应该具有同轴度要求才能保证两端面的连接质量。

3）表面粗糙度分析:该零件对 $\phi48$ mm 外圆柱面及端面、内螺纹表面均提出了较高的表面粗糙度($Ra1.6$)。

（3）零件装夹分析

该零件因无具体形位公差要求,可以以工件毛坯圆柱面为装夹面,采用三爪自定心卡盘软爪装夹,在一次装夹中加工出外圆及内螺纹,以保证其同轴度要求。

（4）工件坐标系分析

工件坐标系的原点设置在 $\phi48$ mm 外圆端面与工件轴线交点处。

（5）加工顺序及进给路线分析

根据螺纹加工的特点,加工顺序可按由粗到精、由右到左的原则进行,即先从右向左进行粗车(留出精加工余量),然后从右向左进行精车,如图 4-2-4 所示,直至加工合格。

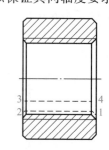

图 4-2-4 内螺纹精加工路线图

（6）加工刀具分析

加工需采用粗、精加工刀具，以保证工件表面质量。螺纹车刀选择螺距为 1.5 mm 的螺纹刀片，切槽刀可选择刀宽为 2 mm 的刀片。

数控加工刀具卡片见表 4-2-2。

表 4-2-2　数控加工刀具卡片

零件名称		螺纹套		零件图号		
刀具号	刀具名称	刀具规格	加工内容	刀尖半径	刀尖方位号	备注
T01	粗、精车外圆车刀	$K_r = 93°$	粗、精加工外轮廓	R0.4	3	
T02	切断刀	$B = 2$	切断		8	
T03	内螺纹车刀	60°	加工内螺纹	1.5	8	
T04	内孔车刀	$K_r = 93°$	粗、精加工内轮廓	R0.4		
	中心钻	A3	加工中心孔			
	麻花钻	$\phi18$ mm	钻孔			
	扩孔钻	$\phi32$ mm	扩孔			

（7）切削用量选择

① 切削深度选择：按照从外向内递减方式安排。

② 主轴转速选择：螺纹粗车切削速度选 500 r/min，螺纹精车切削速度选 500 r/min。

③ 进给量选择：根据加工实际情况，确定适当的值即可。

（8）建议采取工艺措施

加工前应该计算螺纹的大径和小径尺寸，以控制粗加工的加工次数和每次背吃刀量。

数控加工工艺卡片见表 4-2-3。

表 4-2-3　数控加工工艺卡片

零件名称	螺纹套	零件图号		使用设备	FANUC 0i	夹具名称	三爪自定心卡盘	
工序号	名称	工步号	工步内容	刀具号	主轴转速 $n/(\text{r} \cdot \text{min}^{-1})$	进给速度 $f/(\text{mm} \cdot \text{r}^{-1})$	切削深度 a_p/mm	备注
1	下料	$\phi50$ mm×70 mm（45 号钢）						
2	数控车床	1	粗车毛坯端面、外轮廓	T01	500	0.2	2	
		2	钻中心孔		1 000			
		3	钻 $\phi18$ mm 通孔	麻花钻	300			
		4	扩 $\phi32$×30 mm 孔	扩孔钻				
		5	粗车内孔至 $\phi34$ mm	T04	600	0.2	1.0	

续表

工序号	名称	工步号	工步内容	刀具号	主轴转速 $n/(\mathrm{r \cdot min^{-1}})$	进给速度 $f/(\mathrm{mm \cdot r^{-1}})$	切削深度 a_p/mm	备注
2	数控车床	6	精车内孔 ϕ34.2 mm	T04	800	0.1	0.2	
		7	粗车内螺纹	T03	500	1.5		
		8	精车内螺纹	T03	500	1.5		
		9	切断, 控制总长	T02	300～500	2	2	

2. 程序编制

程序编制见表 4-2-4。

表 4-2-4 程 序 编 制

零件名称		
程序段号	FANUC 0i 系统程序	程序说明
	O00001	程序名
N10	G99S600M03T0303;	主轴正转, 转速为 600 r/min, 刀号为 1 号, 刀具补偿号为 1 号
N20	G00X20.;	定位到螺纹起始点
N30	Z2.;	
N40	G92X34.05Z-30.F1.5;	螺纹循环第 1 刀车削至 34.05 mm, 螺距为 1.5 mm
N50	X34.5;	螺纹循环第 2 刀车削至 34.5 mm
N60	X35.2;	螺纹循环第 3 刀车削至 35.2 mm
N70	X35.5;	螺纹循环第 4 刀车削至 35.5 mm
N80	X35.8;	螺纹循环第 5 刀车削至 35.8 mm
N90	X36.;	螺纹循环第 6 刀车削至 36 mm
N100	X36.;	螺纹精车 1 刀车削至 36 mm
N110	G00X30.;	快速退刀
N120	Z200;	
N130	M30;	程序结束并返回程序起始段

3. 仿真加工

（1）选择车床

单击菜单"机床"→"选择机床"选项, 选择控制系统"FANUC 0i"和"车床",

车床类型选择"标准(平床身前置刀架)",单击"确定"键。

（2）启动车床

（3）回参考点

（4）程序输入

（5）定义毛坯及装夹

（6）刀具的选择及安装

安装车刀的步骤及方法如下。

在"选择刀位"里单击所需的刀位。在这里选择3种刀具:外圆刀具T01、切槽刀具T02、螺纹刀具T03。

选择刀片类型:外圆刀具T01选择  刀片;切槽刀具T02选择 ▋刀片;螺纹刀具T03选择 刀片。

选择刀柄类型。

确认操作完成,单击"确定"按钮。

（7）对刀操作

（8）自动加工

（9）调头装夹

单击菜单"零件"→"移动零件"选项,出现如图4-2-5所示"调头对话框",单击中间调头图标 ↻ ,单击 ➡️ 调整零件。

图4-2-5 调头对话框

（10）安装钻头

单击菜单"机床"→"车刀选择"选项,在"车刀选择"中单击"尾座"图标,选择钻头,如图4-2-6所示。

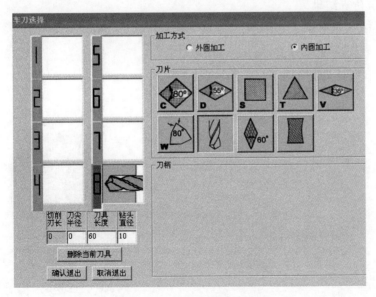

图4-2-6 "车刀选择"对话框

（11）手动钻头

单击菜单"机床"→"移动尾座"选项出现如图4-2-7所示对话框。

先将刀架移动到工件很近的位置,在手动模式下让主轴转动,然后单击 移动尾座钻孔。钻通,钻孔完成后,移动回原来位置,停止主轴。

图4-2-7　移动尾座

（12）内孔刀具的选择及安装

安装车刀的步骤及方法如下。

在"选择刀位"里单击所需的刀位。在这里选择2种刀具:内孔刀具T04、内螺纹刀具T03。

选择刀片类型:内孔刀具T04选择刀片 ,内螺纹刀具T03选择刀片 。

选择刀柄类型。

确认操作完成,单击"确定"按钮。

注意:内孔刀具的直径及加工深度参数设置。

（13）内孔刀具对刀

为了方便观察,单击菜单"视图"→"俯视图"。因为刀具切削内孔对刀,为了看清楚内孔切削情况,单击菜单"视图"→"选项"出现如图4-2-8所示对话框,"零件显示方式"选择"剖面（车床）"选项。

其他对刀步骤同外圆车刀对刀步骤。

（14）自动加工

选择自动加工模式,将程序中光标移动到M00后面一句,单击操作面板上的循环启动键,程序开始执行。

（15）检测

（16）仿真结果

仿真结果如图4-2-9所示。

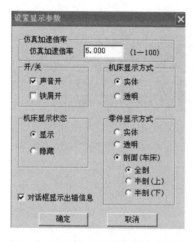

图4-2-8　"设置显示参数"对话框

图4-2-9　任务2仿真结果

4. 实操加工

（1）工件装夹

采用三爪自定心卡盘夹紧零件毛坯的外圆周面,保证卡盘外悬伸 45~50 mm。

（2）刀具选择

根据前述数控加工刀具卡片选用刀具,外圆车刀、2 mm 宽的切断刀、内螺纹车刀以及内孔车刀分别装夹到机床刀架上,T01 号刀位放置外圆车刀,T02 号刀位放置切断刀,T03 号刀位放置内螺纹车刀,T04 号刀位放置内孔车刀。

（3）零件加工

1）电源接通

2）返回参考点操作

3）程序输入

4）手动对刀

外圆车刀、内孔车刀和内螺纹车刀仍然采用试切法对刀。其中内螺纹车刀取刀尖为刀位点,具体对刀步骤如下。

① X 向对刀。主轴正方向转动,移动内螺纹车刀,试切内孔长 3~5 mm,刀具沿+Z 方向退出,如图 4-2-10（a）所示。测出孔径大小,进行面板操作,面板操作步骤同其他刀具。

② Z 向对刀。主轴停止转动,移动内螺纹车刀与工件右端面平齐,用目测方式或借助于直尺,如图 4-2-10（b）所示。然后进行面板操作,面板操作步骤同其他刀具。

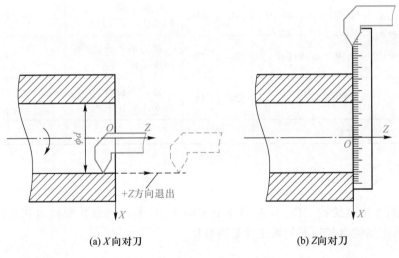

(a) X 向对刀　　　　　　　　　(b) Z 向对刀

图 4-2-10　对刀方法示意图

5）程序校验

程序分别进行空运行以检测是否正确。

6）自动加工

选择自动加工工作模式,打开程序,调好进给倍率,按数控启动按钮进行自动加工。

加工过程中尺寸控制方法同圆柱外螺纹加工,即通过设置刀具磨耗、试切、试测等方法控制外圆、内孔及内螺纹尺寸;程序运行结束后用螺纹塞规检测内螺纹尺

寸,根据检测结果,修调内螺纹车刀刀具磨耗量,重新运行内螺纹循环加工程序,直至通规能通过、止规通不过为止,所不同的是内螺纹刀具磨耗值越调越大,而不是越调越小。

7)注意事项

① 工件调头装夹时应用铜皮裹住外圆,预防损坏已加工外圆表面。

② 安装内螺纹车刀,车刀刀尖要对准工件旋转中心,装得过高,车削时易振动;装得过低时,刀头下部易与工件发生碰撞。

③ 车削前,应调试内孔车刀及内螺纹车刀,预防刀体、刀杆和内孔发生干涉。

④ 调头装夹加工,所有刀具都应重新对刀。

⑤ 使用内螺纹循环车刀应处于循环起点位置(在内孔直径以内)。

四、任务评价

按照如表4-2-5所示评分标准进行评价。

表4-2-5 评分标准

姓名			图号			开工时间	
班级			小组			结束时间	
序号	名称	检测项目	配分		评分标准	测量结果	得分
			IT	Ra			
1	内螺纹的加工	$\phi 48_{-0.02}^{0}$ mm、Ra1.6	16	16	超差不得分,达不到Ra1.6不得分		
2		30 mm、Ra1.6	16	16	超差不得分,达不到Ra1.6不得分		
3		M36×1.5 mm、Ra1.6	20	16	超差不得分,达不到Ra1.6不得分		
合计			100				

五、拓展训练

提供5组螺纹轴工件,分发到各个训练小组,要求测绘并配做出相应的螺纹套,然后用螺纹量规检测配做工件是否合格。

综 合 任 务

一、任务描述

本次综合任务是完成螺旋千斤顶中螺杆轴和本体螺纹部分的加工,零件如图4-3-1和图4-3-2所示。

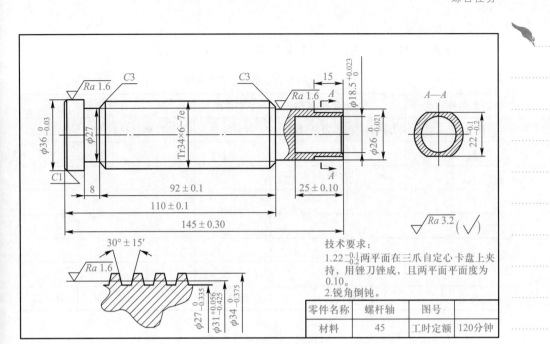

图 4-3-1　综合项目零件图 1

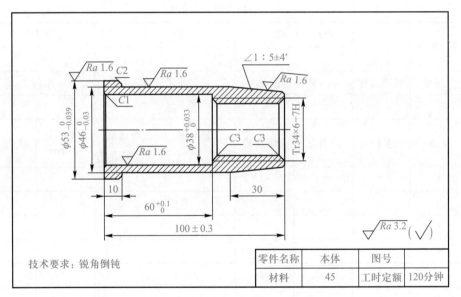

图 4-3-2　综合项目零件图 2

二、任务实施

该项目包含内、外轮廓以及内、外螺纹的综合加工,加工时要注意加工工艺的合理安排,注意螺纹指令的应用。并考虑轮廓表面的质量合理选择刀具、切削用量及进刀路线,用所学指令完成该项目的刀具选择及加工工艺拟定并仿真、实操加工。

1. 刀具选择

完成该项目的刀具选择并填写数控加工刀具卡片,见表 4-3-1。

表 4-3-1 数控加工刀具卡片

产品名称或代号			零件名称		零件图号		程序编号	
序号	刀具号	刀具名称	刀杆规格	刀柄规格	刀片规格及材料		备注	
1								
2								
3								
4								
5								
6								
编制		审核		批准			共 页	第 页

2. 加工工艺制定

完成该项目的加工工艺制定并填写数控加工工艺卡片,见表 4-3-2。

表 4-3-2 数控加工工艺卡片

单位名称		产品名称或代号		零件名称		零件图号	
工序号	程序编号	夹具名称		使用设备		车间	
工步	工步内容	刀具号	刀具名称	主轴转速 $n/(\text{r} \cdot \text{min}^{-1})$	进给速度 $f/(\text{mm} \cdot \text{r}^{-1})$	背吃刀量 a_{p}/mm	备注
1							
2							
3							
4							
5							
6							
编制		审核		批准		日期	

3. 编制加工程序

4. 完成仿真和实操加工

三、任务评价

按照如表 4-3-3 所示评分标准进行评价。

表 4-3-3　评 分 标 准

姓名			图号			开工时间	
班级			小组			结束时间	
序号	名称	检测项目	配分		评分标准	测量结果	得分
			IT	Ra			
1	外梯形螺纹	$\phi 34_{-0.375}^{0}$ mm	15		超差不得分		
2		$\phi 31_{-0.425}^{+0.056}$ mm、$Ra1.6$	20	10	超差不得分,达不到 $Ra1.6$ 不得分		
3		$\phi 27_{-0.335}^{0}$ mm	15		超差不得分		
4		$30°\pm15'$	10		超差不得分		
5	内梯形螺纹	Tr34×6-7H 配做	30		不符合要求不得分		
合计			100				

项目五

复合加工

任务1 配合件加工1

一、任务描述

本任务为完成如图5-1-1、图5-1-2、图5-1-3所示配合件的加工。

该零件为典型的零件配合加工类型,主要要求综合掌握车削加工工艺设计、切削路线的安排、切削用量的设置、编程指令的综合应用以及零件装配技术要求。

视频
复合件加工
前准备工作

视频
内外圆配合
零件加工

视频
复合件识图
及工艺处理

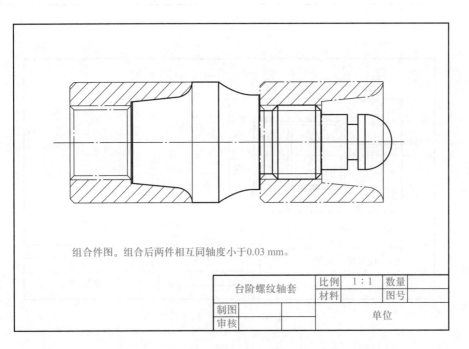

组合件图。组合后两件相互同轴度小于0.03 mm。

台阶螺纹轴套	比例	1:1	数量	
	材料		图号	
制图			单位	
审核				

图 5-1-1 任务 1 装配图

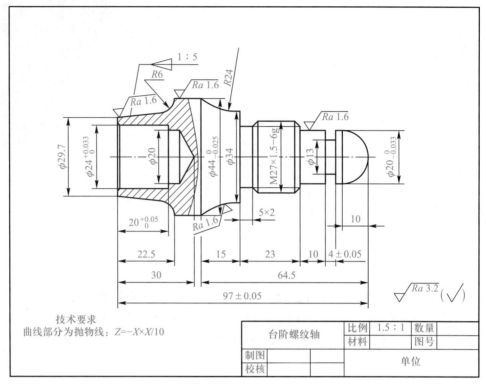

图 5-1-2　任务 1 零件图 1

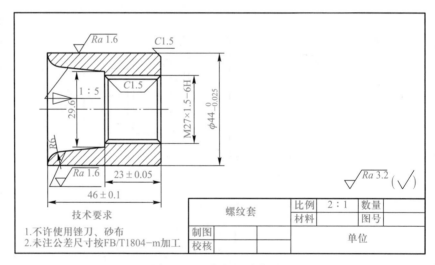

图 5-1-3　任务 1 零件图 2

二、任务实施

1. 件 1 工艺分析

（1）零件加工内容及结构分析

该零件属于较复杂的螺纹轴,材料 45 号钢,毛坯直径一般可选择比 ϕ44 mm

150

大的棒料,如 φ50 mm 等。坯料长度可选择大于零件长度 3~5 mm,如 100 mm、105 mm 等均可。生产类型为单件,主要加工内容为 φ44 mm、φ20 mm 圆柱面,φ24 mm 内孔,1∶5 圆锥面,R24 mm 圆弧面,5 mm×2 mm 退刀槽,M27×1.5 mm 外螺纹、倒角等。

（2）精度分析

1）尺寸精度分析

该零件对 φ44 mm、φ20 mm 外圆直径、φ24 mm 内孔、长度 20 mm、97 mm 分别提出了相应的尺寸精度要求,其尺寸公差分别为 0.025 mm、0.033 mm、0.033 mm、0.05 mm,加工时应注意其精度控制。其他尺寸没有具体的精度要求,加工时只需要满足自由尺寸要求即可。

2）形位公差分析

该零件图虽无具体形位公差要求,但由于该零件有配合要求,故在 1∶5 圆锥面、M27×1.5 mm 外螺纹配合处应有同轴度要求。

3）表面粗糙度分析

该零件对 φ44 mm、φ20 mm、φ29.7 mm 外圆柱面、R24 mm 圆弧面提出了较高的表面粗糙度(Ra1.6),其余表面的表面粗糙度相对要求较低(Ra3.2)。

（3）零件装夹分析

该零件图虽无形位公差要求,但在配合处为保证配合质量应有同轴度要求,加工右端时,以 φ50 mm 毛坯面定位装夹;加工左端时,我们以 M27×1.5 螺纹为装夹面,与件 2 配合进行加工,采用三爪自定心卡盘装夹。

（4）工件坐标系分析

工件坐标系的原点建议设置在工件右端面与工件轴线交点处。

（5）加工顺序及进给路线分析

根据轴类零件加工的特点,加工顺序可按由粗到精、由右到左的原则进行,即先从右向左进行粗车(留出精加工余量),然后从右向左进行精车,直至加工合格。右端精加工如图 5-1-4(a)所示,左端精加工如图 5-1-4(b)所示。

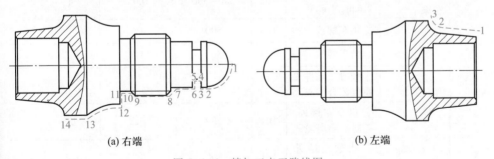

(a) 右端　　　　　　　　　　　　　　(b) 左端

图 5-1-4　精加工走刀路线图

（6）加工刀具分析

加工需采用粗、精加工刀具,以保证工件表面质量。螺纹车刀选择螺距为 1.5 mm 的螺纹刀片,切断刀可选择刀宽为 2 mm 的刀片。数控加工刀具卡片见表 5-1-1。

表 5-1-1　数控加工刀具卡片

零件名称			件 1		零件图号	
刀具号	刀具名称	刀具规格	加工内容	刀尖半径	刀尖方位号	备注
T01	粗、精车外圆车刀	$\kappa_{\mathrm{r}}=93°$	粗、精加工外轮廓	$R0.4$	3	
T02	切断刀	$B=2$	切槽、切断		8	
T03	外螺纹车刀	60°	切削外螺纹	1.5	8	
T04	内孔镗刀	$\kappa_{\mathrm{r}}=93°$	镗内轮廓	$R0.4$	7	

（7）建议采取工艺措施

① 加工前应该计算螺纹的大径和小径尺寸，以控制粗加工的加工次数和每次背吃刀量。

② 由于该零件需要与另一个螺纹套零件相配合，故在加工时应注意螺纹部分的尺寸及精度，包括配合面中的垂直度、同轴度精度。

数控加工工艺卡片见表 5-1-2。

表 5-1-2　数控加工工艺卡片

零件名称	件 1	零件图号		使用设备	FANUC 0i	夹具名称	三爪自定心卡盘
工序号	名称	工步号	工步内容	刀具号	主轴转速 $n/(\mathrm{r}\cdot\mathrm{min}^{-1})$	进给速度 $f/(\mathrm{mm}\cdot\mathrm{r}^{-1})$	切削深度 $a_{\mathrm{p}}/\mathrm{mm}$	备注
1	下料		$\phi45\ \mathrm{mm}\times130\ \mathrm{mm}$					
2	数控车床	1	粗车右端面、外轮廓（不含螺纹、沟槽）	T01	500	0.2	2	
		2	精车端面、外轮廓（不含螺纹、沟槽）	T01	800	0.1	0.5	
		3	切槽 5 mm×2 mm、4 mm	T02	300～500	0.05	4	
		4	粗车螺纹	T03	500	1.5		
		5	精车螺纹	T03	500	1.5		
		6	掉头，与件 2 螺纹配合装夹					
		7	粗车左端面，控制总长、外轮廓	T01	500	0.2	2	
		8	精车左端外轮廓	T01	800	0.1	0.5	
		9	钻 $\phi18$ mm		300			
		10	粗镗 $\phi24$ mm、$\phi20$ mm	T04	500	0.3	2	
		11	精镗 $\phi24$ mm、$\phi20$ mm	T04	800	0.1	0.5	

2. 件 2 工艺分析

（1）零件加工内容及结构分析

该零件属于典型螺纹套，材料 45 号钢，毛坯直径一般可选择比 $\phi44$ mm 大的棒料，如 $\phi50$ mm，坯料长度可选择大于零件长度 30~50 mm，如 68~88 mm 均可。生产类型为单件，零件加工要求不高，但加工内容较为丰富，既有内、外圆柱面加工又有内螺纹加工。加工内容主要有 M27×1.5 mm 内螺纹、$\phi44$ mm 外圆表面、$\phi29.6$ mm 内孔、$R6$ 圆弧面、1 : 5 圆锥面，内外倒角等。

（2）精度分析

1）尺寸精度分析

该零件为连接螺纹套，重要部位为内部结构。该零件分别对 $\phi44$ 直径、长度尺寸 38 mm 提出了较高的尺寸精度要求，其尺寸公差分别为 0.026 mm、0.10 mm，加工时应注意其精度控制。其他尺寸没有具体的精度要求，加工时只需要满足自由尺寸公差要求即可。

2）形位公差分析

该零件图上虽无具体形位公差要求，但从零件的功能性分析，内外部结构均应具有同轴度要求，这样才能保证配合质量。

3）表面粗糙度分析

该零件对 $\phi44$ mm、1 : 5 mm 圆锥表面提出了较高的表面粗糙度（$Ra1.6$），其余表面的表面粗糙度相对要求较低（$Ra3.2$）。

（3）零件装夹分析

工件 $\phi50$ mm 所在毛坯圆柱面为装夹面，采用三爪自定心卡盘装夹，在一次装夹中加工出内部结构及 $\phi44$ mm 外圆柱面，以保证其同轴度要求，然后用切断刀进行切断。

（4）工件坐标系分析

工件坐标系的原点设置在工件端面与工件轴线交点处。

（5）加工顺序及进给路线分析

根据内孔加工的特点，加工顺序可按由粗到精、由右到左的原则进行，即先从右向左进行粗车（留出精加工余量），然后从右向左进行精车，如图 5-1-5（a）所示，螺纹精加工路线如图 5-1-5（b）所示，直至加工合格。

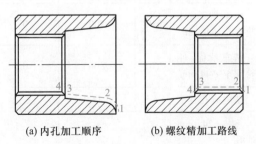

(a) 内孔加工顺序　　　　(b) 螺纹精加工路线

图 5-1-5　件 2 精加工走刀路线图

（6）加工刀具分析

加工需采用粗、精加工刀具，以保证工件表面质量。螺纹车刀选择螺距为

1.5 mm 的螺纹刀片,切断刀可选择刀宽为 2 mm 的刀片,另外还要注意内外倒角。

数控加工刀具卡片见表 5-1-3。

表 5-1-3　数控加工刀具卡片

零件名称			螺纹套	零件图号		
刀具号	刀具名称	刀具规格	加工内容	刀尖半径	刀尖方位号	备注
T01	粗、精车外圆车刀	$\kappa_r = 93°$	粗、精加工外轮廓	$R0.4$	3	
T02	切断刀	$B = 2$	切断		8	
T03	内、外螺纹车刀	60°	加工内、外螺纹	1.5	8	
T04	内孔车刀	$\kappa_r = 93°$	粗、精加工内轮廓			
	中心钻	A3	加工中心孔			
	麻花钻	$\phi18$ mm	钻孔			
	扩孔钻	$\phi24$ mm	扩孔			

(7)建议采取工艺措施

1)加工前应该计算螺纹的大径和小径尺寸,以控制粗加工的加工次数和每次背吃刀量。

2)由于该零件需要和螺纹相配合,故在进行加工时应特别注意螺纹配这个尺寸,另外在两个零件的配合过程中,应以该零件(轴)的尺寸和精度为基准,通过调整对应轴的相关尺寸或精度达到最终的配合精度。

数控加工工艺卡片见表 5-1-4。

表 5-1-4　数控加工工艺卡片

零件名称	件2	零件图号		使用设备	FANUC 0i	夹具名称	三爪自定心卡盘	
工序号	名称	工步号	工步内容	刀具号	主轴转速 $n/(\text{r} \cdot \text{min}^{-1})$	进给速度 $f/(\text{mm} \cdot \text{r}^{-1})$	切削深度 a_p/mm	备注
1	下料		$\phi50$ mm×80 mm(45 号钢)					
2	数控车床	1	粗车端面、外轮廓至 $\phi44$ mm	T01	500	0.2	2	
		2	精车端面、外轮廓至 $\phi44$ mm	T01	800	0.1	0.5	
		3	钻中心孔	A3	1 000			
		4	钻 $\phi24$ mm 通孔	麻花钻				
		5	粗镗 $R6$ mm、$\phi29.6$ mm 螺纹底孔 $\phi25.2$ mm	T04	500	0.3	2	

续表

工序号	名称	工步号	工步内容	刀具号	主轴转速 $n/(\text{r} \cdot \text{min}^{-1})$	进给速度 $f/(\text{mm} \cdot \text{r}^{-1})$	切削深度 a_{p}/mm	备注
2	数控车床	6	精镗 $R6$ mm、$\phi29.6$ mm 螺纹底孔 $\phi25.2$ mm	T04	800	0.1	0.5	
		7	粗车内螺纹	T03	500	1.5		
		8	精车内螺纹	T03	500	1.5		
		9	切断	T02	400			

3. 程序编制

任务参考程序单见表 5-1-5。

表 5-1-5　任务参考程序单

零件名称		程序说明
程序段号	FANUC 0i 系统程序	
	O0001	
N10	G99M03S500F0.2T0101;	
N20	G00X52.Z2.;	
N30	G71U2.R0.5;	
N40	G71P1Q2U0.5W0;	
N50	N1G01X0.;	
N60	Z0.;	
N70	G03X20.Z-10.R10.;	
N80	G01Z-26.5;	
N90	X24.;	
N100	X27.Z-28.5;	
N110	Z-42.5;	
N120	X24.Z-44.5;	
N130	Z-49.5;	
N140	X34.;	
N150	G02X44.Z-64.5R24.;	
N160	G01Z-77.;	
N170	N2G01X52.;	
N180	G00X100.Z100.;	
N190	G99M03S800F0.1T0101;	
N200	G00X52.Z2.	

零件名称		程序说明
程序段号	FANUC 0i 系统程序	
N210	G70P1Q2；	
N220	G00X100.；	
N230	Z100.；	
N240	M30；	
N250		
N260	件1切槽	
N270	O00002	
N280	G99S500M03T0202F0.05；	
N290	G00X52.；	
N300	Z2.；	
N310	G01X20.；	
N320	Z-15.5；	
N330	X13.；	
N340	X20.；	
N350	Z-16.5；	
N360	X13.；	
N370	X20.；	
N380	G00X50.；	
N390	Z200.；	
N400	M30；	
N410		
N420	件1螺纹	
N430	G99S500M03T0303F1.5	
N440	G00X52.；	
N450	Z2.；	
N460	G92X27.Z-44.5F1.5；	
N470	X26.；	
N480	X25.5；	
N490	X25.3；	
N500	X25.1；	
N510	X25.05；	
N520	X25.05；	
N530	G00X100.Z100.；	

零件名称		程序说明
程序段号	FANUC 0i 系统程序	
N540	M30；	
N550		
N560	调头外圆	
N570	O0003	
N580	G99S500M03T0101F0.2；	
N590	G00X52.；	
N600	Z2.；	
N610	G71U2R0.5；	
N620	G71P1Q2U0.5W0.；	
N630	N1G00X29.7.；	
N640	G01Z0.；	
N650	G01X29.7；	
N660	X33.23Z−16.5；	
N670	G02X44Z−22.5R6.；	
N680	N2G0X52.；	
N690	G00X80.Z100.；	
N700	G99S800M03T0101F0.1；	
N710	G00X52.Z2.；	
N720	G70P1Q2；	
N730	G00X80.；	
N740	Z100.；	
N750	M30；	
N760		
N770	调头内孔	
N780	O0004	
N790	G99M03S500T0404F0.3；	
N800	G00X16.；	
N810	Z2.；	
N820	G71U2.R0.5；	
N830	G71P1Q2U−0.5W0.；	
N840	N1G01X26.；	
N850	G01Z0.；	
N860	X24.Z−1.；	

零件名称		程序说明
程序段号	FANUC 0*i* 系统程序	
N870	Z−20.;	
N880	N2G0X16.;	
N890	Z100.;	
N900	G99M03S800T0404F0.1;	
N910	G00X16.0Z2.;	
N920	G70P1Q2;	
N930	G00X16.;	
N940	Z100.;	
N950	M30;	
N960		
N970	O0005	
N980	T0101G99F0.2S500M03;	
N990	G00X50.Z2.;	
N1000	G71U2.R0.5;	
N1010	G71U0.5W0.P1Q2;	
N1020	N1G0X44.;	
N1030	Z−50.;	
N1040	N2G01X50.;	
N1050	G00X100.Z100.;	
N1060	G99M03S800T0101F0.1;	
N1070	G00X50.Z2.;	
N1080	G70U0.5W0.P1Q2F0.1S800;	
N1090	G00X100.;	
N1100	Z100.;	
N1110	M30;	
N1120		
N1130	内孔	
N1140	T0404G99F0.3S500M03;	
N1150	G00X20.Z2.;	
N1160	G71U2.R0.5;	
N1170	G71U0.5W0.P1Q2;	
N1180	N1G0X20.;	
N1190	G1Z0.;	

续表

零件名称		程序说明
程序段号	FANUC 0i 系统程序	
N1200	X27.;	
N1210	X24.Z-1.5;	
N1220	Z-21.5;	
N1230	N2G0X20.;	
N1240	G00Z200.;	
N1250		
N1260	G70U0.5W0.P1Q2S800F0.1;	
N1270	G00Z200.;	
N1280	M30;	
N1290	O0007	螺纹
N1300	T0303G99F1.5S500M03;	
N1310	G00X20.;	
N1320	Z2.;	
N1330	G92X27.Z-23.F1.5;	
N1340	X26.;	
N1350	X25.5;	
N1360	X25.3;	
N1370	X25.1;	
N1380	X25.05;	
N1390	X25.05;	
N1400	G00Z100.;	
N1410	X100.;	
N1420	M30;	
N1430		
N1440		调头
N1450	O0008	
N1460	T0404G99F0.3S500M03;	
N1470	G00X20.Z2.;	
N1480	G71U2.R0.;	
N1490	G71U0.5W0.P1Q2;	
N1500	N1G0X20.;	
N1510	G1Z0.;	
N1520	X44.;	

续表

零件名称		程序说明
程序段号	FANUC 0*i* 系统程序	
N1530	G03X33.23Z-6.R6.;	
N1540	G1X29.6Z-22.5;	
N1550	X27.;	
N1560	X24.Z-24.;	
N1570	N2G0X20.;	
N1580	G00Z200.;	
N1590	G70U0.5W0.P1Q2S800F0.1;	
N1600	G00Z200.;	
N1610	M30;	
N1620		

4. 仿真加工

(1) 选择车床

单击菜单"机床"→"选择机床"选项,选择控制系统"FANUC 0*i*"和"车床",车床类型选择"标准(平床身前置刀架)",单击"确定"按钮。

(2) 启动车床

(3) 回参考点

(4) 程序输入

(5) 定义毛坯及装夹

(6) 刀具的选择及安装

(7) 对刀操作

(8) 自动加工

(9) 调头装夹

(10) 安装钻头

(11) 手动钻头

(12) 内孔刀具的选择及安装

(13) 内孔刀具对刀

(14) 自动加工

(15) 检测

(16) 仿真结果

仿真结果如图 5-1-6 所示。

图 5-1-6　任务 1 仿真结果图

5. 实操加工

(1) 工件装夹

本任务为两件套工件的加工,均为规则零件,均可采用三爪自定心卡盘装夹。

（2）刀具选择

根据前述数控加工刀具卡片选用刀具,外圆车刀,切断刀、内、外螺纹车刀以及内孔车刀分别装夹到机床刀架上,T01 号刀位放置外圆车刀,T02 号刀位放置切断刀,T03 号刀位放置内、外螺纹车刀,T04 号刀位放置内孔车刀,件 1 加工完毕后将内孔刀具和内螺纹车刀分别装夹到刀架上。

（3）零件加工

1）电源接通

2）返回参考点操作

3）程序输入

4）手动对刀

所有刀具均采用试切法对刀,通过对刀把操作得到的数据输入到刀具长度补偿存储器中,加工工件 2 时,将之前安装的加工工件 1 所用刀具卸下,试切对刀。

5）程序校验

选择自动加工模式,打开程序,按下空运行键及车床锁住开关,按循环启动键,观察程序运行情况;若按图形显示键再按循环启动键可进行加工轨迹仿真。空运行结束后使空运行键及车床锁住开关复位,重新回车床参考点。

6）自动加工

7）注意事项

① 二次装夹找正后,不能损伤零件已加工表面。

② 装夹内、外螺纹车刀时,用三角螺纹样板对螺纹刀。

③ 加工件 2 内轮廓时,通过 Z 向加磨耗的方法调整装配的尺寸,保证配合尺寸 1 mm±0.02 mm。

④ 加工件 2 外轮廓时,调整长度尺寸 38 mm,保证配合尺寸 81 mm±0.175 mm。

⑤ 加工件 1 和件 2 上的内、外螺纹时,用螺纹环规和螺纹塞规检验,通过加磨耗的方法调整牙深尺寸,保证与外螺纹的连接松紧合适。

三、任务评价

按照如表 5-1-6 所示评分标准进行评价。

表 5-1-6　评　分　标　准

姓名			图号			开工时间	
班级			小组			结束时间	
序号	名称	检测项目	配分		评分标准	测量结果	得分
			IT	Ra			
1		$\phi 20_{-0.033}^{0}$ mm、$Ra3.2$	15	5	超差不得分,达不到 $Ra3.2$ 不得分		
2		M27×1.5-6g	8	10	不符合要求不得分		
3		$\phi 44_{-0.025}^{0}$ mm、$Ra1.6$	15	5	超差不得分		

序号	名称	检测项目	配分		评分标准	测量结果	得分
			IT	Ra			
4		$\phi 24_{-0.033}^{0}$ mm、$Ra3.2$	15	5	超差不得分		
5		$\phi 44_{-0.025}^{0}$ mm、$Ra1.6$	15	5	超差不得分		
6		M27×1.5-6g	8	10	不符合要求不得分		
7		97±0.05 mm、 4±0.05 mm、 23±0.05 mm	15	15	超差不得分		
8		$20_{0}^{+0.05}$	15	5	超差不得分		
9		64.5 mm、22.5 mm、 10 mm、10 mm、 23 mm、15 mm、30 mm	15	21	不符合要求不得分		
10		$R6$ mm、$R6$ mm、$R24$ mm	8	9	不符合要求不得分		
11		同轴度≤0.03 mm	8	10	超差不得分		
	合计		100				

任务 2 　配合件加工 2

一、任务描述

本任务为完成如图 5-2-1 所示配合件的加工。

该零件为典型的零件配合加工类型,主要要求综合掌握车削加工工艺设计、切削路线的安排、切削用量的设置、编程指令的综合应用以及零件装配技术要求。

二、任务实施

1. 件 1 工艺分析

（1）零件加工内容及结构分析

该零件属于螺纹轴,材料 45 号钢,毛坯直径一般可选择比 $\phi 40$ mm 大的棒料,如 $\phi 45$ mm,坯料长度可选择大于零件长度 5~10 mm,如 65~70 mm 均可。生产类型为单件,零件加工要求较高,加工内容较为丰富,既有外圆柱面、内圆柱面的加工,还有退刀槽、成型面、外螺纹加工。加工内容主要有 M20×1.5 mm 外螺纹、$\phi 32$ mm、$\phi 40$ mm 外圆表面、$\phi 12$ mm 内圆柱面、4 mm×1.5 mm 退刀槽,圆弧成型面等。

（2）精度分析

1）尺寸精度分析:该零件为连接螺纹轴,重要部位为圆弧、螺纹部分。该零件分别对 $\phi 32$ mm、$\phi 40$ mm 外圆、长度 10 mm 提出了较高的尺寸精度要求,尺寸公差

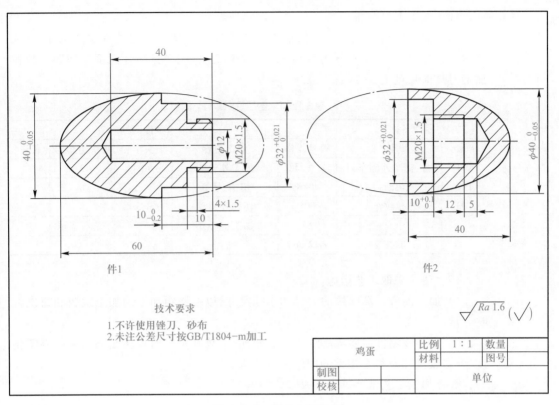

件1

件2

技术要求
1. 不许使用锉刀、砂布
2. 未注公差尺寸按GB/T1804-m加工

$\sqrt{Ra\,1.6}$ $(\sqrt{})$

鸡蛋		比例	1:1	数量	
		材料		图号	
制图			单位		
校核					

图 5-2-1　任务 2 装配图

分别为+0.021 mm、-0.005 mm、-0.2 mm，加工时应注意其精度控制。其他尺寸没有具体的精度要求，加工时只需要满足自由尺寸公差要求即可。

2）形位公差分析：该零件图上虽无具体形位公差要求，但从零件的功能性分析，内、外部结构均应具有同轴度要求，这样才能保证配合质量。

3）表面粗糙度分析：该零件对所有表面提出了较高的表面粗糙度（Ra1.6）。

（3）零件装夹分析

工件 $\phi50$ mm 所在毛坯圆柱面为装夹面，采用三爪自定心卡盘装夹，在一次装夹中加工出内部结构 $\phi12$ mm 及 $\phi32$ mm 外圆柱面，M20×1.5 mm 外螺纹，以保证其同轴度要求，然后加工件 2，夹持件 2 把内外螺纹配在一起，加工件 1 圆弧。

（4）工件坐标系分析

第一次装夹时，工件坐标系的原点设置在 M20×1.5 mm 外螺纹所在毛坯圆柱端面与工件轴线交点处；第二次装夹时，工件坐标系的原点设置在圆弧所在毛坯端面与工件轴线交点处。

（5）加工顺序及进给路线分析

根据螺纹加工的特点，加工顺序可按由粗到精，由右到左，先圆柱、内孔再沟槽、螺纹等原则进行。具体进给路线如图 5-2-2 所示。

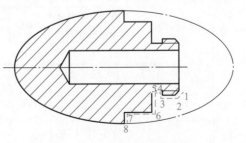

图 5-2-2　件 1 精加工走刀路线图

（6）加工刀具分析

加工需采用粗、精加工，以保证工件表面质量。螺纹车刀选择螺距为1.5 mm的螺纹刀片，切断刀可选择刀宽为2~4 mm的刀片，另外还要注意倒角问题。数控加工刀具卡片见表5-2-1。

表5-2-1　数控加工刀具卡片

零件名称				件1	零件图号	
刀具号	刀具名称	刀具规格	加工内容	刀尖半径	刀尖方位号	备注
T01	粗、精车外圆车刀	$\kappa_r = 93°$	加工外轮廓	$R0.4$	3	
T02	切断刀	$B = 4$	切槽、切断		8	
T03	外螺纹车刀	60°	切削外螺纹	1.5	8	
	中心钻	A3	加工中心孔			
	麻花钻	$\phi 12$ mm	钻孔			

（7）建议采取工艺措施

1）加工前应计算螺纹的大径和小径尺寸，以控制粗加工的加工次数和每次背吃刀量。

2）由于该零件需要与后续的件2相配合，故在加工时应满足$\phi 32$ mm外圆精度、外螺纹尺寸及整个零件的同轴度等要求。

数控加工工艺卡片见表5-2-2。

表5-2-2　数控加工工艺卡片

零件名称	件1	零件图号		使用设备	FANUC 0i	夹具名称	三爪自定心卡盘
工序号	名称	工步号	工步内容	刀具号	主轴转速 $n/(\text{r}\cdot\text{min}^{-1})$	进给速度 $f/(\text{mm}\cdot\text{r}^{-1})$	切削深度 a_p/mm	备注
1	下料		$\phi 45$ mm×65 mm（45号钢）					
2	数控车床	1	粗车件1右端外轮廓	T01	500	0.2	2	
		2	精车件1右端外轮廓	T01	800	0.1	0.5	
		3	切槽 4 mm×1.5 mm	T02	300~500	0.05	4	
		4	粗车 M20×1.5 mm 外螺纹	T03	500	1.5		
		5	精车 M20×1.5 mm 外螺纹	T03	500	1.5		
		6	钻孔	$\phi 12$ mm	500			
			与件2螺纹配合					
		7	粗车件1左端圆弧	T01	500	0.2	2	
		8	精车件1左端圆弧	T01	800	0.1	0.5	

2. 件 2 工艺分析

（1）零件加工内容及结构分析

该零件属于螺纹轴，材料 45 号钢，毛坯直径一般可选择比 ϕ40 mm 大的棒料，如 ϕ45 mm，坯料长度可选择大于零件长度 5~10 mm，如 65~70 mm 均可。生产类型为单件，零件加工要求较高，加工内容较为丰富，既有外圆柱面、内圆柱面的加工，又有退刀槽、成型面、外螺纹的加工。加工内容主要有 M20×1.5 mm 内螺纹、ϕ32 mm 内圆柱面、圆弧成型面等。

（2）精度分析

1）尺寸精度分析

该零件为连接螺纹轴，重要部位为圆弧、内螺纹部分。该零件分别对 ϕ32 mm 内孔、ϕ40 mm 外圆、长度 10 mm 提出了较高的尺寸精度要求，尺寸公差分别为 +0.021 mm、–0.005 mm、0.1 mm，加工时应注意其精度控制。其他尺寸没有具体的精度要求，加工时只需要满足自由尺寸公差要求即可。

2）形位公差分析

该零件图上虽无具体形位公差要求，但从零件的功能性分析，内外部结构均应具有同轴度要求，这样才能保证配合质量。

3）表面粗糙度分析

该零件对所有表面提出了较高的表面粗糙度（Ra1.6）。

（3）零件装夹分析

工件 ϕ50 mm 所在毛坯圆柱面为装夹面，采用三爪自定心卡盘装夹，在一次装夹中加工出内部结构 ϕ32 mm 及 M20×1.5 mm 内螺纹，以保证其同轴度要求，然后安装加工的螺纹轴（做一个 M20×1.5 mm 外螺纹），把件 2 内螺纹，配在一起，加工件 2 圆弧。

（4）工件坐标系分析

第一次装夹时，工件坐标系的原点设置在毛坯圆柱端面与工件轴线交点处；第二次装夹时，工件坐标系的原点设置在圆弧所在毛坯端面与工件轴线交点处。

（5）加工顺序及进给路线分析

根据螺纹加工的特点，加工顺序可按由粗到精，由右到左，先圆柱、内孔再螺纹等原则进行。具体加工走刀路线如图 5-2-3 所示。

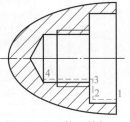

图 5-2-3　件 2 精加工走刀路线图

（6）加工刀具分析

加工需采用粗、精加工，以保证工件表面质量。螺纹车刀选择螺距为 1.5 mm 的螺纹刀片，另外还要注意倒角问题。数控加工刀具卡片见表 5-2-3。

表 5-2-3　数控加工刀具卡片

零件名称			件 1	零件图号		
刀具号	刀具名称	刀具规格	加工内容	刀尖半径	刀尖方位号	备注
T01	粗、精车外圆车刀	$\kappa_r = 93°$	加工外轮廓	$R0.4$	3	

续表

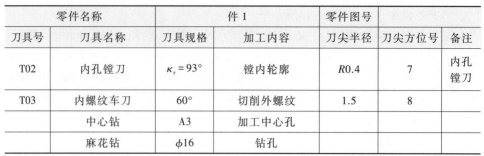

零件名称			件 1	零件图号	
刀具号	刀具名称	刀具规格	加工内容	刀尖半径	刀尖方位号	备注
T02	内孔镗刀	$\kappa_r = 93°$	镗内轮廓	$R0.4$	7	内孔镗刀
T03	内螺纹车刀	60°	切削外螺纹	1.5	8	
	中心钻	A3	加工中心孔			
	麻花钻	$\phi16$	钻孔			

（7）建议采取工艺措施

1）加工前应计算螺纹的大径和小径尺寸，以控制粗加工的加工次数和每次背吃刀量。

2）由于该零件需要与后续的"螺纹轴"相配合，故在加工时应满足 $\phi32$ mm 内孔精度、内螺纹尺寸及整个零件的同轴度等要求。

数控加工工艺卡片见表 5-2-4。

表 5-2-4　数控加工工艺卡片

零件名称	件 1	零件图号		使用设备	FANUC 0i	夹具名称	三爪自定心卡盘
工序号	名称	工步号	工步内容	刀具号	主轴转速 $n/(\text{r} \cdot \text{min}^{-1})$	进给速度 $f/(\text{mm} \cdot \text{r}^{-1})$	切削深度 a_p/mm	备注
1	下料	$\phi45$ mm×65 mm（45 号钢）						
2	数控车床	1	粗车件 2 左端外轮廓	T01	500	0.2	2	
		2	精车件 2 左端外轮廓	T01	800	0.1	0.5	
		3	钻中心孔	A3	1 000			
		4	钻孔	$\phi16$ mm	500			
		5	粗车 M20×1.5 mm 内螺纹	T03	500	1.5		
		6	精车 M20×1.5 mm 内螺纹	T03	500	1.5		
		7	与螺纹轴夹具的螺纹配合					
		8	粗车件 2 右端圆弧	T01	500	0.2	2	
		9	精车件 2 右端圆弧	T01	800	0.1	0.5	

3. 程序编制

任务参考程序单见表 5-2-5。

表 5-2-5 任务参考程序单

零件名称	件 1 外螺纹	程序说明
程序段号	FANUC 0*i* 系统程序	
N10	G99M03S500;	
N20	T0303;	
N30	00X45.Z5.;	
N40	G92X19.5Z-7.F1.5;	
N50;	X19.;	
N60	X18.5;	
N70	X18.;	
N80	G00X100.;	
N90	Z100.;	
N100	M30;	

零件名称	件 1 外形	程序说明
程序段号	FANUC 0*i* 系统程序	
N10	G99M03S500F0.2;	
N20	T0101;	
N30	G00X52.Z3.;	
N40	G71U2.R0.5;	
N50	G71P1Q2U0.5W0;	
N60	N1G00X16.;	
N70	G01Z0.;	
N80	X20.Z-2.;	
N90	Z-10.;	
N100	X32.;	
N110	Z-20.;	
N120	N2G01X45.;	
N130	G00X100.;	

167

零件名称	件 1 外形	程序说明
程序段号	FANUC 0i 系统程序	
N140	Z100;	
N150	M30;	
退刀槽		
N160	G99M03S600F.1;	
	T0202;	
	G00X45.Z3.;	
	Z-10.;	
	G00X35.;	
	G01X17.;	
	G00X45.;	
	Z100.;	
	M30;	

零件名称	件 2 螺纹	程序说明
程序段号	FANUC 0i 系统程序	
N10	M03S600T0303;	
N20	G00X16.Z5.;	
N30	Z-5.;	
N40	G92X18.5Z-22.F1.5;	
N50	X19.;	
N60	X19.5;	
N70	X18.;	
N80	X20.;	
N90	X17;	
N100	N2G00Z100.;	
N110	X100.;	
N120	M30;	

零件名称	件 2 内孔	程序说明
程序段号	FANUC 0i 系统程序	
N10	G99M03S500F0.2;	
N20	G00X15.0Z20;	

零件名称	件 2 内孔	程序说明
程序段号	FANUC 0i 系统程序	
N30	G71U1.5R0.5;	
N40	G71P1Q2U0W0;	
N50	N1G01X32.;	
N60	Z0.	
N70	Z-10.;	
N80	X18.;	
N90	Z-22.;	
N100	X17.;	
N110	N2G00X15.0.;	
N120	G70P1Q2S800F0.1;	
N130	G00Z100.;	
N140	M30;	

4. 仿真加工

（1）选择车床

单击菜单"机床"→"选择机床"选项，选择控制系统"FANUC 0i"和"车床"，车床类型选择"标准（平床身前置刀架）"，单击"确定"按钮。

（2）启动车床

（3）回参考点

（4）程序输入

（5）定义毛坯及装夹

（6）刀具的选择及安装

（7）对刀操作

（8）自动加工

（9）调头装夹

（10）安装钻头

（11）手动钻头

（12）内孔刀具的选择及安装

（13）内孔刀具对刀

（14）自动加工

（15）检测

（16）仿真结果

仿真结果如图 5-2-4 所示。

5. 实操加工

（1）工件装夹

本任务为 2 件套工件的加工，均为规则零件，均可采用三爪自定心卡盘装夹。

图 5-2-4　任务 2 仿真结果图

（2）刀具选择

根据前述数控加工刀具卡片选用刀具，外圆车刀、切断刀和内、外螺纹车刀，分别装夹到机床刀架上，T01 号刀位放置粗、精外圆车刀，T02 号刀位放置内孔镗刀，T03 号刀位放置内螺纹车刀，件 1 加工完毕后将内孔刀具和内螺纹车刀分别装夹到刀架上。

（3）零件加工

1）电源接通

2）返回参考点操作

3）程序输入

4）手动对刀

所有刀具均采用试切法对刀，通过对刀把操作得到的数据输入到刀具长度补偿存储器中，加工工件 2 时，将之前安装的加工工件 1 所用刀具卸下，试切对刀。

5）程序校验

选择自动加工模式，打开程序，按下空运行键及车床锁住开关，按循环启动键，观察程序运行情况；若按图形显示键再按循环启动键可进行加工轨迹仿真。空运行结束后使空运行键及车床锁住开关复位，重新回车床参考点。

6）自动加工

7）注意事项

① 当工件是批量生产时，圆锥配合的质量检测可用圆锥环规和圆锥塞规进行检测。本例中，工件为单件生产，用配做的方式，保证其配合精度。若要准确地检查锥度和内表面的加工情况，采用涂色法。

② 工件需调头加工，注意工件的装夹部位和程序零点设置的位置。

③ 组合零件编程时，注意编程技巧。

④ 合理安排零件粗、精加工，保证零件尺寸精度。

⑤ 配做件应注意零件的加工次序，保证尺寸精度。

⑥ 应用 G04 指令，槽底暂停 2 s，确保加工质量。

⑦ 作为简化编程的指令，G71 在工件的粗车中应用得很多，其循环起点的确定一般比工件毛坯大 2~3 mm，距工件右端面 2~3 mm。

⑧ G71 精加工开始和结束顺序号一定要写上，且要与格式中 P、Q 后的数字相对应。否则加工时会出现打刀或不能加工的现象。

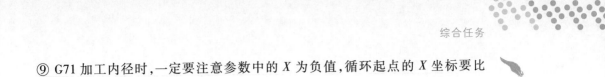

⑨ G71 加工内径时,一定要注意参数中的 X 为负值,循环起点的 X 坐标要比已钻好的孔的直径小。

⑩ G73 指令一般用于铸造的已经基本成型的毛坯的加工,对于棒料毛坯一般比较少用。

三、任务评价

按照如表 5-2-6 所示评分标准进行评价。

表 5-2-6 评 分 标 准

姓名			图号			开工时间	
班级			小组			结束时间	
序号	名称	检测项目	配分		评分标准	测量结果	得分
			IT	Ra			
1		$\phi40_{-0.05}^{0}$ mm、$Ra1.6$	5	5	超差不得分		
2		$\phi32_{0}^{0.021}$ mm、$Ra1.6$	5	5	超差不得分		
3		$10_{-0.2}^{0}$ mm、$Ra1.6$	5	5	超差不得分		
4		$10_{0}^{0.1}$ mm、$Ra1.6$	5	5	超差不得分		
5		$\phi32_{0}^{0.022}$ mm、$Ra1.6$	5	5	超差不得分		
6		$\phi40_{-0.05}^{0}$ mm、$Ra1.6$	5	5	超差不得分		
		60 mm、40 mm、10 mm、40 mm、12 mm、5 mm、$Ra1.6$	5	5	不符合要求不得分		
		$\phi12$ mm、$Ra1.6$	5	5	不符合要求不得分		
		内 M20×1.5 mm、$Ra1.6$	5	5	不符合要求不得分		
		外 M20×1.5 mm、$Ra1.6$	5	5	不符合要求不得分		
合计			100				

综 合 任 务

一、任务描述

本次综合任务是完成如图 5-3-1 所示成型轴的加工。

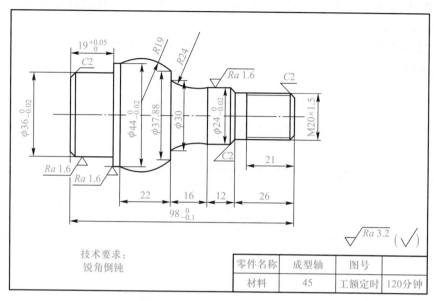

图 5-3-1 综合任务零件图

二、任务实施

该项目为配合件加工,工件要素包含内、外圆柱面加工,内、外螺纹加工。加工时要注意为保证加工精度合理选择工件的加工顺序,注意工件的装夹部位以及加持力度,并考虑轮廓表面的质量合理选择刀具、切削用量及进刀路线。请用所学指令完成该项目的刀具选择及加工工艺拟定并仿真、实操加工。

1. 刀具选择

完成该项目的刀具选择并填写数控加工刀具卡片,见表 5-3-1。

表 5-3-1 数控加工刀具卡片

产品名称或代号			零件名称		零件图号		程序编号	
序号	刀具号	刀具名称	刀杆规格	刀柄规格	刀片规格及材料		备注	
1								
2								
3								
4								
5								
6								
编制		审核		批准			共 页	第 页

2. 加工工艺制定

完成该项目的加工工艺制定并填写数控加工工艺卡片,见表 5-3-2。

表 5-3-2　数控加工工艺卡片

单位名称		产品名称或代号		零件名称		零件图号	
工序号	程序编号	夹具名称		使用设备		车间	
工步	工步内容	刀具号	刀具名称	主轴转速 $n/(\mathrm{r\cdot min^{-1}})$	进给速度 $f/(\mathrm{mm\cdot r^{-1}})$	背吃刀量 a_p/mm	备注
1							
2							
3							
4							
5							
6							
编制		审核		批准		日期	

3. 编制加工程序

4. 完成仿真和实操加工

三、任务评价

按照如表 5-3-3 所示评分标准进行评价。

表 5-3-3　评 分 标 准

姓名			图号			开工时间	
班级			小组			结束时间	
序号	名称	检测项目	配分		评分标准	测量结果	得分
			IT	Ra			
1	成型轴	$\phi 44_{-0.02}^{0}$ mm、$Ra1.6$	10	5	超差不得分,达不到 $Ra1.6$ 不得分		
2		$\phi 36_{-0.02}^{0}$ mm、$Ra1.6$	10	5	超差不得分,达不到 $Ra1.6$ 不得分		
3		$\phi 24_{-0.02}^{0}$ mm、$Ra1.6$	10	5	超差不得分,达不到 $Ra1.6$ 不得分		
4		$\phi 37.88$ mm、$\phi 30$ mm	6		超差不得分		
5		$R24$ mm、$R19$ mm	12		超差不得分		
6		M20×1.5 mm	15		超差不得分		
7		26 mm、22 mm、	10		超差不得分		
8		21 mm、16 mm、12 mm					
9		$19_{0}^{+0.05}$ mm	5		超差不得分		
		$98_{-0.10}^{0}$ mm	5		超差不得分		
10		倒角 $C2$ 三处	2		超差不得分		
	合计		100				

项目六

综合训练

任务 1　零件 1 加工

一、任务描述

本任务为完成如图 6-1-1 所示零件的加工。

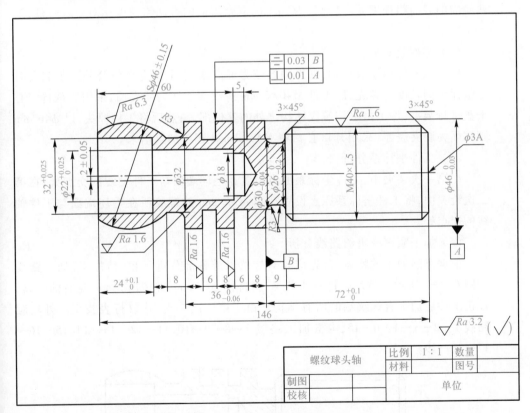

图 6-1-1　任务 1 零件图

　　该零件为典型的外轮廓加工类型,内容包括圆柱面、圆锥面、成型面以及外螺纹结构。主要要求掌握车削加工工艺安排、切削路线的指定、切削用量的设置、各特殊节点的计算、编程指令的综合应用以及零件质量的检测。

175

二、任务实施

1. 工艺分析

（1）零件加工内容及结构分析

该零件为成型轴,材料为 45 号钢,毛坯直径一般可选择比 $\phi46$ mm 大的棒料,如 $\phi50$ mm,坯料长度可选择大于零件长度 5~10 mm,如 151~156 mm 均可。主要加工内容为 S46 圆弧、$\phi46$ mm 外圆柱面,$\phi32$ mm、$\phi22$ mm 内圆柱面,$\phi30×6$ mm 沟槽以及 M40×1.5 mm 外螺纹等。

（2）精度分析

① 尺寸精度分析:该零件对 $\phi46$ mm、$\phi30$ mm 两外轮廓直径,$\phi32$ mm、$\phi22$ mm 内圆柱面直径,S46 圆弧及长度为 36 mm、72 mm、24 mm 的线性尺寸精度要求较高,加工时应注意其精度控制。其他尺寸没有具体的精度要求,加工时只需要满足图中基本尺寸要求即可。

② 形位公差分析:该零件有形位公差要求,加工精度较高。

③ 表面粗糙度分析:该零件对 S46、$\phi22$ mm 内孔、M40×1.5 mm 外螺纹及沟槽两侧面的表面粗糙度要求较高,为 Ra1.6,其余表面的表面粗糙度相对要求较低,为 Ra3.2。

（3）零件装夹分析

由于该零件属于成型轴,加工内容较为丰富,图纸上标有形位公差要求装夹时尽量保证同轴度。首先,以工件 M40×2 mm 螺纹端毛坯为装夹面,采用三爪自定心卡盘进行装夹,加工出除该螺纹结构之外的其他部分;然后将工件掉头,以 $\phi46$ mm 圆柱面为装夹表面(采用开口套),将 M48×2 mm 螺纹加工出来。

（4）工件坐标系分析

在第一次装夹中,工件坐标系原点设置在毛坯端面与工件轴线的交点处;在第二次装夹中,将工件坐标系原点设置在 M48×2 mm 外螺纹所在毛坯端面与工件轴线的交点处。

（5）加工顺序及进给路线分析

根据车削加工的特点,首先应先对螺纹以外各部分进行粗、精加工,加工路线如图 6-1-2 所示。然后工件掉头装夹,夹持住 $\phi46$ mm,并留出 5 mm 左右的距离,校正工件后加工有螺纹端的所有结构。由于第二次装夹,建议打表找正。外轮廓路线 1—2—3—4—6—15,沟槽加工路线 7—8—9—10、11—12—13—14、15—16—17—18—19。

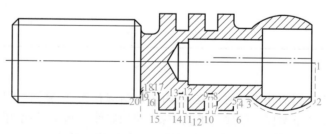

图 6-1-2　右端精加工路线图

（6）加工刀具分析

① 粗、精车可选用 $\kappa_r = 93°$ 硬质合金外圆车刀加工外轮廓，由于该零件为阶梯轴，为防止副后刀面与工件轮廓干涉，副偏角不宜太小，可取 $\kappa_r' = 35°$。

② 螺纹车刀可选用螺距为 1.5 mm 的刀片。

数控加工刀具卡片见表 6-1-1。

表 6-1-1　数控加工刀具卡片

零件名称		螺纹套		零件图号		
刀具号	刀具名称	刀具规格	加工内容	刀尖半径	刀尖方位号	备注
T01	粗、精车外圆车刀	$\kappa_r = 93°$	粗、精加工外轮廓	$R0.4$	3	
T02	切断刀	$B = 2$	切槽、切断		8	
T03	内孔车刀	$\kappa_r = 93°$	粗、精加工内轮廓	$R0.4$		
T04	外螺纹车刀	60°	加工内、外螺纹		8	
	中心钻	A3	加工中心孔			
	麻花钻	$\phi18$	钻孔			

（7）切削用量选择

① 切削深度选择：轮廓粗车 2 mm，精车 0.5 mm。

② 主轴转速选择：车外圆和圆弧时，粗车 500 r/min，精车 800 r/min。

③ 进给量选择：根据加工实际情况，确定粗车进给量为 0.2 mm/r，精车为 0.1 mm/r。

（8）建议采取工艺措施

① 由于该零件表面粗糙度要求有高有低，故建议采取粗、精加工分开的方式进行加工。粗加工完成后，留较小的精加工余量（如 0.1 ~ 0.5 mm），精加工时通过调整刀具切削用量三要素来保证整个零件的加工质量。

② 满足图纸中的技术要求项目。

数控加工工艺卡片见表 6-1-2。

表 6-1-2　数控加工工艺卡片

零件名称		零件图号			使用设备	FANUC 0i	夹具名称	三爪自定心卡盘	
工序号	名称	工步号	工步内容		刀具号	主轴转速 $n/(\text{r} \cdot \text{min}^{-1})$	进给速度 $f/(\text{mm} \cdot \text{r}^{-1})$	切削深度 a_p/mm	备注
1	下料		$\phi50$ mm×150 mm（45 号钢）						
2	数控车床	1	夹持工件外螺纹端毛坯，伸出长度 80 mm，粗车端面及外轮廓		T01	500	0.2	2	
		2	精车端面及外轮廓		T01	800	0.1	0.5	

工序号	名称	工步号	工步内容	刀具号	主轴转速 $n/(\mathrm{r \cdot min^{-1}})$	进给速度 $f/(\mathrm{mm \cdot r^{-1}})$	切削深度 a_p/mm	备注
2	数控车床	3	切槽 $\phi30$ mm×6 mm	T02	300~500	0.05	3	
		4	钻中心孔	中心钻	1 000	0.05		
		5	钻孔	$\phi18$ mm	500			
		6	粗镗内轮廓	T03	500	0.3	2	
		7	精镗内轮廓	T03	800	0.1	0.5	
		8	掉头					
		9	粗车端面,控制总长及外轮廓	T01	800	0.1	0.5	
		10	精车端面及外轮廓	T01	800	0.1	0.5	
		11	粗车螺纹	T04	500	2		
		12	精车螺纹	T04	500	2		

2. 程序编制

任务参考程序单见表6-1-3。

表6-1-3　任务参考程序单

零件名称	螺纹球头轴	程序说明
程序段号	FANUC 0i 系统程序	
	O001;	
N10	G99S500F0.5M03T0101;	
N20	G00X52.Z2.;	
N30	G71U2R0.5;	
N40	G71P1Q2U0.5W0.;	
N50	N1G00X52.S800F0.1;	
N60	G01Z0.;	
N70	G03X32.Z-30.R23.;	
N80	G01Z-35.;	
N90	G02X38.Z-38.R3.;	
N100	G01X46.;	
N110	Z-88.;	

续表

零件名称	螺纹球头轴	程序说明
程序段号	FANUC 0*i* 系统程序	
N120	N2G01X50.；	
N130	G70P1Q2.；	
N140	G00100.；	
N150	Z100.；	
N160	M30；	
		沟槽
N10	G99M03S500F0.05；	
N20	T0202；	
N30	G00X50Z100	
N40	Z-52.；	
N50	X47.；	
N60	G01X30.；	
N70	G00X47.；	
N80	Z-49.；	
N90	G01X30.；	
N100	G00X47.；	
N110	Z-66.；	
N120	G01X30.；	
N130	G00X47.；	
N140	Z-63.；	
N150	G01X30.；	
N160	G00X47.；	
N170	Z-80.；	
N180	G01X26.；	
N190	G00X47.；	
N200	Z-77.；	
N210	G01X32.；	
N220	G02X26.Z-80.R3.；	
N230	G00X47.；	
N240	Z-83.；	
N250	G01X32.；	

续表

零件名称	螺纹球头轴	程序说明
程序段号	FANUC 0i 系统程序	
N260	G03X26.Z-80.R3.;	
N270	G00X47.;	
N280	Z-86.;	
N290	G01X40.;	
N300	X34.Z-83.;	
N310	G00X50.;	
N320	Z100.;	
N330	M30;	
		内孔
N10	G99M03S500T0303F0.3;	
N20	G00X18.Z2.;	
N30	G71U1.5R0.5;	
N40	G71P1Q2U-0.5W0.2;	
N50	N1G01X32.;	
N60	Z0.	
N70	Z-24.;	
N80	X22.;	
N90	Z-60.;	
N100	N2X18.;	
N110	G70P1Q2S800F0.1;	
N120	G00Z100.;	
N130	M30;	
		调头
N10	G99M03S500T0101F0.2;	
N20	G00X52.Z2.;	
N30	G71U2R0.5;	
N40	G71P1Q2U0W0;	
N50	N1G01X34.;	
N60	Z0.;	
N70	X40.Z-3.;	
N80	Z-63.;	

零件名称	螺纹球头轴	程序说明
程序段号	FANUC 0i 系统程序	
N90	N2G00X50.;	
N100	G70P1Q2S800F0.1;	
N110	Z100.;	
N120	M30;	
N130		螺纹
N140	M03S500T0404;	
N150	G00X40.Z5.;	
N160	G92X39.5Z-66.F1.5;	
N170	X39.;	
N180	X38.5;	
N190	X38.;	
N200	G00X100.;	
N210	Z100.;	
N220	M30;	

3. 仿真加工

（1）选择车床

（2）启动车床

（3）回参考点

（4）程序输入

（5）定义毛坯及装夹

（6）刀具的选择及安装

（7）对刀操作

均采用试切法对刀，具体对刀步骤如前面所述。

（8）自动加工

单击操作面板上的"自动运行"键，使其指示灯变亮。

单击操作面板上的"循环启动"键，程序开始执行。

（9）调头装夹

（10）自动加工

选择自动加工模式，将程序中光标移动到M00后面一句，单击操作面板上的循环启动键，程序开始执行。

（11）检测

（12）仿真结果

仿真结果如图6-1-3所示。

图6-1-3　任务1仿真结果图

4. 实操加工

（1）工件装夹

采用三爪自定心卡盘夹紧零件毛坯的外圆周面,保证夹持为 20 mm 长。

（2）刀具选择

根据前述数控加工刀具卡片选用刀具,分别装夹到车床刀架上。

（3）零件加工

1）电源接通

2）返回参考点操作

3）程序输入

4）手动对刀

4 把刀依次采用试切法对刀,通过对刀把操作得到的零偏值分别输入到各自长度补偿中。切断刀选取左侧刀尖为刀位点。

5）程序校验

选择自动加工模式,打开程序,按下空运行键及车床锁住功能开关,按循环启动键,观察程序运行情况;若按图形显示键再按循环启动键可进行加工轨迹仿真。空运行结束后使空运行键及车床锁住功能复位,车床重新回参考点。

6）自动加工

零件自动加工方法:打开程序,选择 AUTO 工作模式,调好进给倍率,按数控启动键进行自动加工。

外圆及长度尺寸控制仍然通过设置刀具磨耗量,加工过程中采用试切和试测方法进行控制,程序运行至精车前停车测量;根据测量结果设置 T02 号刀具磨耗量,然后运行精加工程序,停车测量,根据测量结果,修调 T02 号刀具磨耗量,再次运行精加工程序,直至尺寸符合要求为止。圆弧面形状及尺寸控制通过设置刀尖半径补偿、装夹刀具时使刀尖与工件轴心线等高、试测量等方法控制。

7）注意事项

① 工件需调头加工,注意工件的装夹部位和程序零点设置的位置。

② 合理安排零件粗、精加工,保证零件精度要求。

三、任务评价

按照如表 6-1-4 所示评分标准进行评价。

表 6-1-4 评分标准

姓名			图号			开工时间	
班级			小组			结束时间	
序号	名称	检测项目	配分		评分标准	测量结果	得分
			IT	*Ra*			
1	螺纹球头轴	$\phi46\pm0.015$ mm、*Ra*6.3	8	4	超差不得分,达不到 *Ra*6.3 不得分		

序号	名称	检测项目	配分		评分标准	测量结果	得分
			IT	Ra			
2	螺纹球头轴	$\phi 32$ mm、$\phi 22^{+0.025}_{0}$ mm、$Ra3.2$	18	6	超差不得分,达不到 $Ra3.2$ 不得分		
3		$\phi 26$ mm、$\phi 46^{0}_{-0.02}$ mm、$Ra3.2$	20	6	超差不得分,达不到 $Ra3.2$ 不得分		
4		$\phi 30^{0}_{-0.04}$ mm、$Ra3.2$	6	5	超差不得分,达不到 $Ra3.2$ 不得分		
5		24 mm、$72^{+0.1}_{0}$ mm	6		超差不得分		
6		$36^{0}_{-0.06}$ mm	5		超差不得分		
7		60 mm、5 mm、8 mm、6 mm、8 mm、6 mm、9 mm、146 mm、$\phi 32$ mm、$R3$、3×45°、3×45°	12		不符合要求不得分		
8		M40×1.5 mm	4		不符合要求不得分		
合计			100				

任务 2　零件 2 加工

一、任务描述

本任务为完成如图 6-2-1 所示零件的加工。

该零件为典型的外轮廓加工类型,内容包括圆柱面、偏心、成型面以及外螺纹结构。主要要求掌握车削加工工艺安排、切削路线的指定、切削用量的设置、各特殊节点的计算、编程指令的综合应用、偏心零件加工以及零件质量的检测。

二、任务实施

1. 工艺分析

（1）零件加工内容及结构分析

该零件为成型轴,材料为 45 号钢,毛坯直径一般可选择比 $\phi 40$ mm 大的棒料,如 $\phi 50$ mm 等,坯料长度可选择大于零件长度 5~10 mm,如 241~246 mm 均可。主要加工内容为 $S\phi 40$ mm 圆弧,$\phi 22$ mm、$\phi 24$ mm、$\phi 22$ mm、$\phi 20$ mm 圆柱面,M18×1.5 mm 外螺纹、M18×1.5 mm 外螺纹,$\phi 15 \times 3$ mm 退刀槽及 1 mm 偏心距等。

（2）精度分析

1）尺寸精度分析

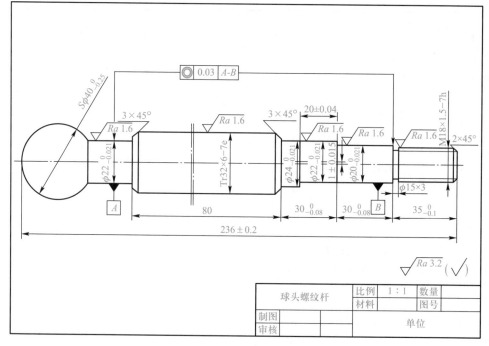

图 6-2-1　任务 2 零件图

该零件对 $\phi22$ mm、$\phi24$ mm、$\phi22$ mm、$\phi20$ mm 外圆直径,长度为 30 mm(两处)、35 mm、236 mm 的线性尺寸精度要求较高,加工时应注意其精度控制。其他尺寸没有具体的精度要求,加工时只需要满足图中基本尺寸要求即可。

2）形位公差分析

该零件标有具体形位公差要求,加工时应保证同轴度要求,这样才能保证该轴的使用性能。

3）表面粗糙度分析

该零件对 $\phi22$ mm、M18×1.5 mm 外螺纹提出了较高的表面粗糙度要求,为 $Ra1.6$,其余表面的表面粗糙度相对要求较低,为 $Ra3.2$。

（3）零件装夹分析

由于该零件属于成型轴,加工内容较为丰富,首先,以工件 $S\phi40$ mm 所在端毛坯为装夹面,采用三爪自定心卡盘进行一夹一顶装夹,加工出除 $S\phi40$ mm、$\phi22$ mm 之外的其他部分;然后将工件掉头,以 M18×1.5 mm 外螺纹大径为装夹表面(采用开口套),将剩余结构加工出来。

（4）工件坐标系分析

在第一次装夹中,工件坐标系原点设置在毛坯右端面与工件轴线的交点处;在第二次装夹中,将工件坐标系原点设置在毛坯端面与工件轴线的交点处。

（5）加工顺序及进给路线分析

根据车削加工的特点,该零件属于比较复杂的典型零件,故需经多次装夹才能将所有结构加工出来,具体如下:第一次装夹,夹持工件一端,伸出长度不小于 185 mm,利用一夹一顶,主要加工 $\phi22$ mm、$\phi20$ mm 及螺纹所在圆柱等外轮廓,完成粗、精加工,如图 6-2-2 所示。工件掉头进行第二次装夹,用开口套自定心卡盘夹持住螺纹部分,加工剩余的结构,如图 6-2-3 所示。

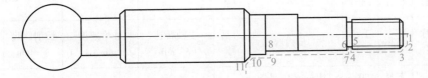

图 6-2-2　右端精加工路线图

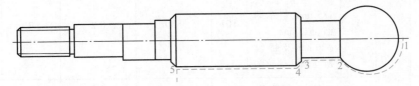

图 6-2-3　左端精加工路线图

（6）加工刀具分析

① 粗、精车可选用 $\kappa_r = 93°$ 硬质合金外圆车刀粗加工外轮廓,由于该零件为阶梯轴,为防止副后刀面与工件轮廓干涉,副偏角不宜太小,可取 $\kappa_r' = 35°$。

② 螺纹车刀可选用螺距为 2 mm 的刀片。

数控加工刀具卡片见表 6-2-1。

表 6-2-1　数控加工刀具卡片

零件名称		球头螺纹杆		零件图号		
刀具号	刀具名称	刀具规格	加工内容	刀尖半径	刀尖方位号	备注
T01	粗、精车外圆车刀	$\kappa_r = 93°$	粗、精加工外轮廓	R0.4	3	
T02	切断刀	$B = 2$	切槽、切断		8	
T03	外螺纹车刀	60°	加工内、外螺纹	1.5	8	

（7）切削用量选择

① 切削深度选择:轮廓粗车 2.0 mm,精车 0.5 mm。

② 主轴转速选择:车外圆和圆弧时,粗车 500 r/min,精车 800 r/min。

③ 进给量选择:根据加工实际情况,确定粗车进给量为 0.2 mm/r,精车为 0.1 mm/r。

（8）建议采取工艺措施

① 由于该零件表面粗糙度要求有高有低,故建议采取粗、精加工分开的方式进行加工。粗加工完成后,留较小的精加工余量(如 0.1～0.5 mm),精加工时通过调整刀具切削用量三要素来保证整个零件的加工质量。

② 满足图纸中的技术要求项目。

数控加工工艺卡片见表 6-2-2。

表 6-2-2　数控加工工艺卡片

零件名称	球头螺纹杆	零件图号		使用设备	FANUC 0i	夹具名称	三爪自定心卡盘	
工序号	名称	工步号	工步内容	刀具号	主轴转速 $n/(\text{r} \cdot \text{min}^{-1})$	进给速度 $f/(\text{mm} \cdot \text{r}^{-1})$	切削深度 a_p/mm	备注
1	下料		$\phi50$ mm×241 mm（45 号钢）					
2	数控车床	1	夹持工件一端，伸出长度 185 mm，粗车端面、$\phi22$ mm、$\phi20$ mm 及螺纹所在圆柱等轮廓	T01	500	0.2	2	
		2	精加工端面、$\phi22$ mm、$\phi20$ mm 及螺纹所在圆柱等轮廓	T01	800	0.1	0.5	
		3	切槽 $\phi15$ mm×3 mm	T02	300～500	0.05	4	
		4	粗车螺纹	T03	500	1.5		
		5	精车螺纹	T03	500	1.5		
		6	工件掉头装夹，用开口套，夹持住螺纹圆柱，粗车 $S\phi40$ mm、$\phi22$ mm	T01	500	0.2	2	
			精车 $S\phi40$ mm、$\phi22$ mm	T01	800	0.1	0.5	

2. 程序编制

任务参考程序单见表 6-2-3。

表 6-2-3　任务参考程序单

零件名称	球头螺纹杆	程序说明
程序段号	FANUC 0i 系统程序	
	O001	第一头外圆
N10	G99M03S500T0101F0.2;	
N20	G0X42.Z2.;	
N30	G71U2.R1.;	
N40	G71P1Q2U0.5W0F0.2;	
N50	N1G00X14.;	

零件名称	球头螺纹杆	程序说明
程序段号	FANUC 0i 系统程序	
N60	G01Z0.;	
N70	X18.Z-2.;	
N80	Z-35.;	
N90	X20.;	
N100	Z-65.;	
N110	X22.;	
N120	W-20.;	
N130	X24.;	
N140	Z-95.;	
N150	X26.;	
N160	X32.Z-98.;	
N170	Z-172.;	
N180	N2X42.;	
N190	G70P1Q2F0.1S800;	
N200	G00X100.Z100.;	
N210	M30;	
		切槽
	O002	
N10	G99M03S300F0.05T0202;	
N20	G00X50.Z100.;	
N30	Z-35.;	
N40	X15.;	
N50	X50.;	
N60	Z-16.;	
N70	X15.;	
N80	X50.;	
N90	G00X100.Z200.;	
N100	M30;	
		M18 螺纹
	O003	
N10	G99M03S600T0303;	
N20	G00X40.Z5.;	
N30	G92X18.Z-32.F1.5;	
N40	X17.6;	
N50	X17.2;	

续表

零件名称	球头螺纹杆	程序说明
程序段号	FANUC 0i 系统程序	
N60	X16.8;	
N70	X16.5;	
N80	X16.5;	
N90	G00X100.;	
N100	Z100.;	
N110	M30;	
		M32×2 螺纹
	O004	
N10	G99M03S600T0303;	
N20	G00X40.Z-90.;	
N30	G92X31.Z-176.F2.;	
N40	X30.;	
N50	X29.7;	
N60	X29.4;	
N70	G00X100.;	
N80	Z100.;	
N90	M30;	
		球头
	O005	
N10	G99M03S800T0101F0.1;	
N20	G00X52.Z2.;	
N30	G73U20.W0R20;	
N40	G73P1Q2U0.5W0;	
N50	N1G01X0.;	
N60	Z0.;	
N70	G03X40.Z-20.R20.;	
N80	G03X22.Z-36.7R20.;	
N90	G01Z-61.;	
N100	X26.;	
N110	X32.Z-64.;	
N120	N2G0X100.;	
N130	G70P1Q2S800F0.1;	
N140	G00X100.Z100.;	
N150	M30.;	

3. 仿真加工

（1）选择车床

（2）启动车床

（3）回参考点

（4）程序输入

（5）定义毛坯及装夹

（6）刀具的选择及安装

（7）对刀操作

均采用试切法对刀，具体对刀步骤如前面所述。

（8）自动加工

按操作面板上的"自动运行"键，使其指示灯变亮。

按操作面板上的"循环启动"键，程序开始执行。

（9）调头装夹

（10）自动加工

选择自动加工模式，将程序中光标移动到 M00 后面一句，单击操作面板上的循环启动键，程序开始执行。

（11）检测

（12）仿真结果

仿真结果如图 6-2-4 所示。

图 6-2-4 任务 2 仿真结果图

4. 实操加工

（1）工件装夹

采用三爪自定心卡盘装夹，加工完一端以后调头加工另一端。

（2）刀具选择

根据前述数控加工刀具卡片选用刀具，并分别装夹到车床刀架上。

（3）零件加工

1）电源接通

2）返回参考点操作

3）程序输入

4）手动对刀

4 把刀依次采用试切法对刀，通过对刀把操作得到的零偏值分别输入到各自长度补偿中。切断刀选取左侧刀尖为刀位点。

5）程序校验

选择自动加工模式，打开程序，按下空运行键及车床锁住功能开关，按循环启动键，观察程序运行情况；若按图形显示键再按循环启动键可进行加工轨迹仿真。空运行结束后使空运行键及车床锁住功能复位，车床重新回参考点。

6）自动加工

零件自动加工方法：打开程序，选择 AUTO 工作模式，调好进给倍率，按数控启动键进行自动加工。

外圆及长度尺寸控制仍然通过设置刀具磨耗量,加工过程中采用试切和试测方法进行控制,程序运行至精车前停车测量;根据测量结果设置 T02 号刀具磨耗量,然后运行精加工程序,停车测量,根据测量结果,修调 T02 号刀具磨耗量,再次运行精加工程序,直至尺寸符合要求为止。圆弧面形状及尺寸控制通过设置刀尖半径补偿、装夹刀具时使刀尖与工件轴心线等高、试测量等方法控制。

7)注意事项

① 工件需调头加工,注意工件的装夹部位和程序零点设置的位置。

② 合理安排零件粗、精加工,保证零件精度要求。

三、任务评价

按照表 6-2-4 评分标准进行评价。

表 6-2-4　任务 2 评分标准

姓名			图号			开工时间	
班级			小组			结束时间	
序号	名称	检测项目	配分		评分标准	测量结果	得分
			IT	Ra			
1		$S\phi40_{-0.025}^{0}$、$Ra3.2$	8	3.5	超差不得分,达不到 $Ra3.2$ 不得分		
2		$\phi22$ mm、$\phi22$ mm、$\phi20_{-0.021}^{0}$ mm、$Ra1.6$	30	9	超差不得分,达不到 $Ra1.6$ 不得分		
3	球头螺纹杆	$\phi24_{-0.021}^{0}$ mm、$Ra3.2$	10	3.5	超差不得分,达不到 $Ra3.2$ 不得分		
4		236±0.2 mm	6		超差不得分		
5		30 mm、$30_{-0.08}^{0}$ mm	8		超差不得分		
6		$35_{-0.1}^{0}$ mm	2		超差不得分		
7		20±0.04 mm	4		超差不得分		
8		80 mm、$\phi15$ mm×3 mm、2×45°、3×45°	12		不符合要求不得分		
9		M18×1.5-7H			不符合要求不得分		
		合计	100				

参考文献

［1］人力资源保障部教材办公室组织.数控编程与操作实训课题（数控车）［M］.北京:中国劳动社会保障出版社,2009.

［2］人力资源保障部教材办公室.数控加工工艺［M］.3 版.北京:中国劳动社会保障出版社,2011.

［3］徐凯,盛艳君.数控车床加工工艺编程与操作［M］.北京:中国劳动社会保障出版社,2013.

［4］周虹.数控加工工艺设计与程序编制［M］.北京:人民邮电出版社,2009.

［5］顾京.数控加工编程及操作［M］.北京:高等教育出版社,2003.

［6］FANUC 有限公司.BEIJINGFANUC0i-TC 操作说明书［M］.北京:2002.

郑重声明

高等教育出版社依法对本书享有专有出版权。任何未经许可的复制、销售行为均违反《中华人民共和国著作权法》，其行为人将承担相应的民事责任和行政责任；构成犯罪的，将被依法追究刑事责任。为了维护市场秩序，保护读者的合法权益，避免读者误用盗版书造成不良后果，我社将配合行政执法部门和司法机关对违法犯罪的单位和个人进行严厉打击。社会各界人士如发现上述侵权行为，希望及时举报，本社将奖励举报有功人员。

反盗版举报电话 （010）58581999　58582371　58582488

反盗版举报传真 （010）82086060

反盗版举报邮箱 dd@hep.com.cn

通信地址 北京市西城区德外大街 4 号　高等教育出版社法律事务与版权管理部

邮政编码 100120

防伪查询说明

用户购书后刮开封底防伪涂层，利用手机微信等软件扫描二维码，会跳转至防伪查询网页，获得所购图书详细信息。用户也可将防伪二维码下的 20 位密码按从左到右、从上到下的顺序发送短信至 106695881280，免费查询所购图书真伪。

反盗版短信举报

编辑短信"JB,图书名称,出版社,购买地点"发送至 10669588128

防伪客服电话

（010）58582300